Studienbücher der Wirtschaft

Lehr- und Studienbücher für das praxisorientierte Studium der Wirtschaftswissenschaften

Beschreibende Statistik

Studienbücher der Wirtschaft

Lehr- und Studienbücher für das praxisorientierte Studium der Wirtschaftswissenschaften

Herausgegeben von
Professor Dr. Walter Dürr   Professor Dr. Ferdinand Matthey   Professor Rudolf Michel

In der gleichen Reihe sind erschienen

D. Bott / R. T. Peterson / A. A. Whatley · Lernbuch Marketing
Hermann-Josef Bunte · Wettbewerbs- und Kartellrecht
Walter Dürr / Horst Mayer · Wahrscheinlichkeitsrechnung und Schließende Statistik
Harald Köhler · Lineare Algebra
Harald Köhler · Finanzmathematik
Adolf E. Luger · Allgemeine Betriebswirtschaftslehre, Band 1
Ferdinand Matthey · Arbeitsvertragsrecht
Rudolf Michel / Hans-Dieter Torspecken · Grundlagen der Kostenrechnung
Kostenrechnung I
Rudolf Michel / Hans-Dieter Torspecken · Neuere Formen der Kostenrechnung
Kostenrechnung II
Karl-Klaus Pullig · Personalwirtschaft
Hans-Jürgen Rogge · Marktforschung

Die folgenden Bände sind in Vorbereitung

Walter Dürr / Klaus Kleibohm · Lineare Modelle des Operations Research
Guntram Garus · Differential- und Integralrechnung
Ralf Holland / Ferdinand Matthey · Wirtschaftsprivatrecht
Elmar Janssen / Rudolf Michel / Herbert Schroter · Das betriebliche Rechnungswesen als Dokumentations-, Kontroll- und Entscheidungsrechnung
Meinhold Kleine / Hardy R. Wagner · Grundlagen der Unternehmensführung
Hermann Koch · Allgemeine Wirtschaftspolitik
Hans-Jürgen Kottmann · Datenverarbeitungspraxis
Adolf E. Luger / Hans-Georg Geisbüsch · Allgemeine Betriebswirtschaftslehre, Band 2, Funktionsbereiche des betrieblichen Ablaufs
Willi Peetz · Arbeitswissenschaft
Michael Popp · Unternehmensbesteuerung
Manfred Richter · Personalführung

Carl Hanser Verlag München Wien

Horst Mayer

Beschreibende Statistik

Mit 91 Abbildungen und 80 Beispielen

Carl Hanser Verlag München Wien

Dr. Horst Mayer
Professor
Fachhochschule Darmstadt

CIP-Kurztitelaufnahme der Deutschen Bibliothek

Mayer, Horst:

Beschreibende Statistik / Horst Mayer. –
München; Wien: Hanser, 1981.
(Studienbücher der Wirtschaft)
ISBN 3-446-13029-2

Fotosatz: Rudolf Schaber, Wels, Österreich
Druck und Bindung: Welsermühl, Wels, Österreich
Printed in Austria

Vorwort der Herausgeber

Mit den Studienbüchern der Wirtschaft, die ca. 35 Einzelbände umfassen, soll den Studierenden an Universitäten, Fach- und Gesamthochschulen sowie Institutionen der Weiterbildung Fachliteratur zur Begleitung von Lehrveranstaltungen, insbesondere aber auch zum Selbststudium, angeboten werden. Deshalb wird in den Studienbüchern der Wirtschaft vor allem dem Lerncharakter Rechnung getragen. Dazu dienen z. B. die weitgehend einheitliche Gestaltung, Übersichtlichkeit durch verschiedene Verzeichnisse, Herausstellung von wesentlichen und typischen Sach- und Lehrinhalten, Veranschaulichung durch zahlreiche Abbildungen und durch vom Studierenden leicht nachvollziehbare Beispiele, Formulierung von Lernzielen, Kontrollfragen und/oder Übungsaufgaben sowie deren Lösungen und das Glossar der wichtigsten Begriffe.

Auf wissenschaftlicher Grundlage wollen diese Studienbücher Möglichkeiten der berufsfeldbezogenen Anwendung berücksichtigen und so die Verbindung von Studium und Praxis herstellen.

Gleichzeitig soll mit dieser Reihe der Praktiker angesprochen werden, der für seine berufliche Tätigkeit Übersichten und Anregungen sucht.

Walter Dürr

Ferdinand Matthey

Rudolf Michel

Vorwort des Autors

Die Grundausbildung in Statistik umfaßt im allgemeinen die Teilgebiete Beschreibende Statistik, Wahrscheinlichkeitsrechnung und Schließende Statistik. Dieses Buch enthält Grundlagen der Beschreibenden Statistik. In der gleichen Buchreihe ist bereits ein Lehrbuch zur Wahrscheinlichkeitsrechnung und Schließenden Statistik erschienen.

Statistische Methoden werden heute in fast allen Bereichen mit Erfolg eingesetzt. Die Ergebnisse statistischer Auswertungen sind nicht nur Grundlage von Planungs- und Entscheidungsprozessen in Wirtschaft, Wissenschaft, Verwaltung und Politik, sondern beeinflussen das Verhalten von gesellschaftlichen Gruppen und jedes einzelnen Bürgers.

Auch die Anwendungsgebiete im Bereich der Wirtschaftswissenschaften sind unübersehbar, man denke etwa an die Auswertung von Umfragen in der Marktforschung, an Statistiken zur Ausschußproduktion, zum Umsatz, zum Absatz oder zur Lagerhaltung, an Produktivitätsmessungen oder an Trend- und Regressionsrechnungen in der Kosten- und Finanzplanung.

Entsprechend der Zielsetzung der „Studienbücher der Wirtschaft" beschränkt sich dieses Buch auf Lehrinhalte, deren Vermittlung im Rahmen einer Grundausbildung ohne weiteres möglich ist. Der Lernprozeß wird unterstützt durch

- Lernziele zu Beginn eines jeden Kapitels,
- zahlreiche Beispiele,
- Aufgaben und Kontrollfragen mit Lösungen,
- ein Glossar mit Kurzerklärung der wichtigsten Begriffe.

Das Buch wendet sich an Studenten von Fachhochschulen, Gesamthochschulen und Universitäten, sowie an Praktiker, die in ihrer beruflichen Tätigkeit Einsatzmöglichkeiten für statistische Methoden sehen.

Der Autor ist Herrn Prof. Dr. Guntram Garus von der Fachhochschule Osnabrück zu besonderem Dank verpflichtet. Herr Dr. Garus hat das gesamte Manuskript kritisch durchgesehen, sowie eine Reihe wertvoller Anregungen gegeben und dazu beigetragen, daß einige Unstimmigkeiten im Manuskript beseitigt werden konnten.

Darmstadt, Mai 1981 — Horst Mayer

Inhaltsverzeichnis

Abkürzungs- und Symbolverzeichnis

α	Parameter bei der exponentiellen Glättung
a	Regressionskoeffizient
a_i	Merkmalswert
A	Abgangsquote
b	Regressionskoeffizient
$B_{\varnothing}$	Durchschnittsbestand
c	Regressionskoeffizient
C	mittlere quadratische Kontingenz
COV (X, Y) bzw. s_{xy}	Kovarianz der Merkmale X und Y
d	mittlere absolute Abweichung bzw. mittlere Verweildauer
d_i	Rechteckhöhe im Histogramm, Dichte
D	Zeitmengenbestand
$\triangle x_i$	Klassenbreite
f_i	relative Häufigkeit
f_i^*	relative Klassenhäufigkeit
f_{ij}	zweidimensionale relative Häufigkeit
$f_{i.}$ bzw. $f_{.j}$	relative Randhäufigkeit
F(x)	Summenhäufigkeitsfunktion, empirische Verteilungsfunktion
F*(x)	Summenhäufigkeitsfunktion, empirische Verteilungsfunktion bei Klasseneinteilung
F(x, y)	zweidimensionale Summenhäufigkeitsfunktion
F*(x, y)	zweidimensionale Summenhäufigkeitsfunktion bei Klasseneinteilung
F_i	relative Summenhäufigkeit
F_i^*	relative Summenhäufigkeit bei Klasseneinteilung
G	Gini-Koeffizient
h_i	absolute Häufigkeit
h_i^*	absolute Klassenhäufigkeit
h_{ij}	zweidimensionale absolute Häufigkeit
$h_{i.}$ bzw. $h_{.j}$	absolute Randhäufigkeit
H_i	absolute Summenhäufigkeit
H_i^*	absolute Summenhäufigkeit bei Klasseneinteilung
$I^m_{La, t_o, t}$	Mengenindex nach Laspeyres
$I^m_{Pa, t_o, t}$	Mengenindex nach Paasche
$I^p_{La, t_o, t}$	Preisindex nach Laspeyres
$I^p_{Pa, t_o, t}$	Preisindex nach Paasche
I^w	Wertindex
K	konjunkturelle Komponente
$m_3(\bar{x})$	Schiefe
$m_r(0)$	r-tes Moment um den Nullpunkt
$m_r(\bar{x})$	r-tes Moment um das arithmetische Mittel
$m_{t_o, t}$	Meßzahl
n	Umfang der statistischen Gesamtheit
p_i^o	Preis des Gutes i zum Basisjahr t_o

p_i^t	Preis des Gutes i zum Berichtsjahr t
q_i^o	Menge des Gutes i zum Basisjahr t_o
q_i^t	Menge des Gutes i zum Berichtsjahr t
r	Pearson'scher Korrelationskoeffizient
r_S	Spearman'scher Rangkorrelationskoeffizient
R	Restkomponente
$Rg(x_i)$ bzw. $Rg(y_i)$	Rangzahl des Merkmalswertes x_i bzw. y_i
s, s^2	Standardabweichung, Varianz
s_{tj}	Wert der Saisonkomponente
s_x, s_x^2	Standardabweichung bzw. Varianz des Zeilenmerkmals X
$s_{x/Y=y_j}$ bzw. $s_{x/Y=y_j}^2$	bedingte Standardabweichung bzw. Varianz des Merkmals X
s_y, s_y^2	Standardabweichung bzw. Varianz des Spaltenmerkmals Y
$s_{y/X=x_i}$ bzw. $s_{y/X=x_i}^2$	bedingte Standardabweichung bzw. Varianz des Merkmals Y
S	saisonale Komponente
S_i	kumulierter relativer Merkmalswert
T	Trend
U	Umschlagshäufigkeit
v	Variationskoeffizient
w	Spannweite
$\bar{x}$	arithmetisches Mittel
$\hat{x}$	Prognosewert
$\bar{x}_D$	Modus, dichtester Wert
$\bar{x}_G$	geometrisches Mittel
$\bar{x}_H$	harmonisches Mittel
x_i	Merkmalsausprägung
x_i^*	Klassenmitte
x_i^o	obere Klassengrenze
x_i^u	untere Klassengrenze
$\bar{x}_{(p/q)}$	Quantil
x_t bzw. x_{tj}	Zeitreihenwert
$\hat{x}_{tj}$	Trendwert
$\bar{x}_{X=x_i}$ bzw. $\bar{x}_{Y=y_j}$	bedingtes arithmetisches Mittel
$\bar{x}_Z$	Zentralwert
Z	Zugangsquote

Abbildungsverzeichnis

1 Einführung

1.1 Begriff und Aufgabe der Statistik

Der Begriff „Statistik" wird in zweierlei Bedeutung verwendet. Einmal versteht man unter „einer Statistik" die **Zusammenstellung** von **Zahlen** oder **Daten** zur Beschreibung bestimmter Erscheinungen in der Umwelt. Beispiele solcher Statistiken sind die Bevölkerungsstatistik der Bundesrepublik, die Umsatzstatistik eines Unternehmens oder die Zulassungsstatistik von Kraftfahrzeugen. In diesem Sinne ist der Begriff „Statistik" den meisten Menschen bekannt. Daneben versteht man unter dem Begriff „Statistik" die **Gesamtheit** der **Methoden** zur Untersuchung von Massenerscheinungen. Mit Hilfe statistischer Methoden versucht man, quantitative Aussagen über statistische Gesamtheiten bzw. deren Einheiten zu erlangen.

Statistik läßt sich definieren als das **methodische Vorgehen** bei der Beschaffung und Auswertung von Informationen, die man braucht, um vernünftige **Entscheidungen treffen** zu können.

Zwei Gesichtspunkte müssen dabei noch besonders herausgestellt werden:

1. **Zweckbestimmung der Statistik**

Die Statistik sollte niemals Selbstzweck sein, sondern sollte stets einer bestimmten konkreten Aufgabe dienen. Gegen diesen Grundsatz der Statistik wird häufig verstoßen. In vielen Bereichen werden Unmengen von Informationen gesammelt, ohne daß ein konkreter Nutzen aus ihnen gezogen wird.

2. **Modellcharakter der Statistik**

Ein Modell ist ein vereinfachtes Abbild der Wirklichkeit und entsteht durch Beschränkung auf das Wesentliche. Erst ein Modell macht den zu untersuchenden Sachverhalt überschaubar und einer Analyse zugänglich. Der Statistiker muß sich stets um einen Kompromiß zwischen notwendiger Vereinfachung und verfälschender Vergröberung bemühen.

Unter dem Oberbegriff „Statistik" faßt man die beiden Teilgebiete **Beschreibende Statistik** und **Schließende Statistik** zusammen. Diese Teilgebiete werden in verschiedenen Bänden dieser Lehrbuchreihe behandelt.

In der Beschreibenden Statistik werden alle relevanten Daten der statistischen Gesamtheit ermittelt. Alle Aussagen beziehen sich auf diese Gesamtheit. Verallgemeinerungen sind nicht zulässig. In der Schließenden Statistik ermittelt man nur die Daten einer Stichprobe und schließt aus den Verhältnissen in der Stichprobe auf die statistische Gesamtheit. In diesem Fall kommen zu den Ungenauigkeiten des

Modells noch die Fehler der sogenannten Hochrechnung von der Stichprobe auf die statistische Gesamtheit hinzu.

Statistische Methoden können mit Erfolg überall dort eingesetzt werden, wo größere Informationsmengen zu verarbeiten sind. Das gilt mittlerweile für fast alle Bereiche des menschlichen Lebens. Typische Fragestellungen der Beschreibenden Statistik sind zum Beispiel:

- Welcher Anteil der Bevölkerung stirbt durch einen Verkehrsunfall?
- Besteht ein Zusammenhang zwischen der Intensität des Rauchens und der Erkrankung an Lungenkrebs?
- Welcher Energieverbrauch ist im nächsten Jahr zu erwarten?
- Wie verteilt sich in der Bundesrepublik das gesamte private Vermögen auf die einzelnen Haushalte?

1.2 Mißbrauch der Statistik

Es gibt kaum eine Wissenschaft, die in breiten Teilen der Bevölkerung auf soviel Skepsis und Ablehnung stößt wie die Statistik. Gerade im Zusammenhang mit tagespolitischen Fragen hört man Bemerkungen, wie z. B. „Mit Statistik kann man alles beweisen“ oder „Es gibt Notlügen, gemeine Lügen und Statistiken“.

Bei der Bewertung der Fehlermöglichkeiten in der Statistik muß man zwischen vier Aspekten unterscheiden:

1. Die Methoden der Statistik sind zum größten Teil mathematische Verfahren und damit logisch einwandfrei.

2. Bei der Anwendung der Statistik ist man wie bei allen anderen angewandten Wissenschaften gegen menschliche Irrtümer nicht gefeit. Solche Fehler der Statistik stehen auf der gleichen Stufe wie das Fehlurteil eines Richters, die Fehlkonstruktion einer Brücke oder der Kunstfehler eines Arztes.

3. Viele statistische Aussagen insbesondere der Schließenden Statistik beinhalten eine Unsicherheit, die aus der notgedrungen unvollständigen Information über den Untersuchungsgegenstand resultiert. Diese Art von „Fehlern“ ist unvermeidbar und angemessen und wird von Leuten, die mit der Statistik nicht ausreichend vertraut sind, zu Unrecht als Zeichen der Minderwertigkeit der Statistik mißverstanden.

4. Die Statistik wird von manchen Leuten bewußt, d. h. wider besseres Wissen zur Manipulation und Täuschung benutzt. Solche gewollten oder zumindest fahrlässigen Fehlanwendungen kommen in anderen angewandten Wissenschaften zumindest nicht in dem Ausmaß vor. Nur diese Fehlanwendungen der Statistik rechtfertigen eine ablehnende Haltung gegenüber der Statistik.

Die folgenden Beispiele veranschaulichen typische Fehlermöglichkeiten der Statistik.

Beispiel 1.1

In einer Lehrveranstaltung mit 100 Studenten nehmen 50 Studenten an einer Klausur teil. Keiner von den 50 Studenten besteht die Klausur. Behauptet nun der Dozent, die Durchfallquote sei 50 % gewesen, so ist diese Aussage zumindest mißverständlich. Die Prozentangabe ist wertlos, wenn unklar ist, worauf sie sich bezieht.

Beispiel 1.2

Der Butterberg in der EG, der etwa 200 000 Tonnen groß ist, wird wesentlich kleiner, wenn man ihn auf die Einwohner der EG bezieht. Diese unvorstellbare Buttermenge ergibt nämlich nur etwa 1 kg Butter pro Einwohner der EG. Je nach politischer Einstellung läßt sich der gleiche Sachverhalt als verfehlte Agrarpolitik oder als vernünftige Vorratshaltung bewerten.

Beispiel 1.3

In der zweiten Hälfte des vergangenen Jahrhunderts ist über einen längeren Zeitraum für Südschweden festgestellt worden, daß die Anzahl der Störche und die Anzahl der Geburten etwa in dem gleichen Verhältnis gesunken sind. Man hüte sich davor, daraus voreilige Schlüsse zu ziehen! Ein zahlenmäßiger Zusammenhang zwischen zwei statistischen Größen muß nicht einen ursächlichen Zusammenhang signalisieren. In diesem Beispiel sind beide Größen vermutlich durch die aufkommende Industrialisierung, die gleichermaßen natur- und kinderfeindlich war, beeinflußt worden.

Beispiel 1.4

Besonders anschauliche Beispiele der Manipulation mit Hilfe der Statistik findet man im Bereich der graphischen Darstellungen. Das folgende Bild zeigt, wie man durch „geschickte" Auswahl von Zeitreihenwerten bei der graphischen Darstellung einen völlig falschen Sachverhalt suggerieren kann.

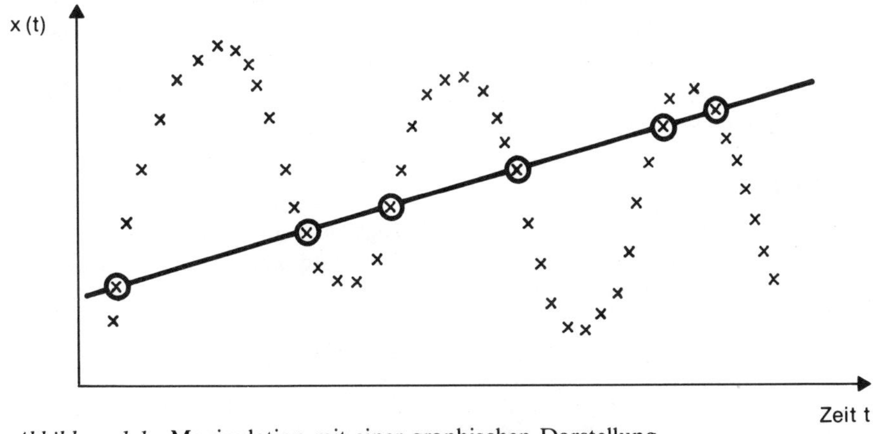

Abbildung 1.1 Manipulation mit einer graphischen Darstellung

1.3 Ablauf einer statistischen Untersuchung

Eine statistische Untersuchung erfolgt in der Regel in fünf aufeinanderfolgenden Phasen, deren Bedeutung von Fall zu Fall stark variieren kann.

(1) **Planung**

Zur Planung gehören im einzelnen

a) die exakte Formulierung des Zwecks der Untersuchung,
b) die sachliche, räumliche und zeitliche Abgrenzung der Untersuchung,
c) die Auswahl der statistischen Verfahren und
d) die Klärung organisatorischer Fragen.

(2) **Erhebung**

Die Erhebung dient der Gewinnung des statistischen Datenmaterials. Eine statistische Untersuchung steht und fällt mit der Qualität der ihr zugrunde liegenden Daten. Die Probleme der Datenerhebung werden im 3. Kapitel ausführlich behandelt.

(3) **Aufbereitung**

In dieser Phase wird das Urmaterial verdichtet, geordnet und auf Fehler untersucht. Anschließend wird das Datenmaterial in Tabellen und Schaubildern zusammengefaßt und somit für die Anwendung statistischer Verfahren vorbereitet. Je nach Umfang des Urmaterials wird man sich manueller oder maschineller Verfahren bedienen.

(4) **Analyse**

Die verdichtete Darstellung der Daten in Tabellen und Schaubildern stellt bereits eine elementare Analyse dar. Das aufbereitete Datenmaterial wird mit Hilfe geeigneter statistischer Verfahren, wie sie in diesem Buch behandelt werden, untersucht. Bei größeren Datenmengen erfolgt die Verarbeitung durch den Einsatz der EDV. Die Analyse ist der Kernpunkt der statistischen Arbeit.

(5) **Interpretation**

Die Ergebnisse der Analyse werden sachbezogen interpretiert und in Aussagen zusammengefaßt. Dabei werden häufig noch weitere nicht in die Untersuchung einbezogene Informationen herangezogen.

2 Grundbegriffe

2.1 Lernziele

Wenn Sie dieses Kapitel durchgearbeitet haben, sollten Sie

- zu einer statistischen Fragestellung die Begriffe statistische Einheit, statistische Masse, Merkmal und Merkmalsausprägungen festlegen können;
- wissen, daß eine statistische Masse durch eindeutige sachliche, räumliche und zeitliche Abgrenzung festgelegt wird;
- beurteilen können, ob es sich bei einer statistischen Masse um eine Bestandsmasse oder Bewegungsmasse handelt;
- Merkmale nach der Maßskala, in der die Merkmalsausprägungen gemessen werden, unterscheiden können;
- zwischen stetigen, diskreten und dichotomen Merkmalen unterscheiden können;
- zwischen häufbaren und nichthäufbaren Merkmalen unterscheiden können.

2.2 Statistische Einheiten, statistische Massen, Merkmale, Merkmalsausprägungen

Eine einheitliche, systematische Beschreibung unterschiedlicher statistischer Untersuchungen macht es notwendig, eine einheitliche Sprachregelung zu vereinbaren. Dieser Abschnitt und die folgenden Abschnitte dienen der Präzisierung und Erläuterung wichtiger Grundbegriffe der Beschreibenden Statistik.

1. Der Gegenstand einer Messung bzw. Beobachtung (Haushalt, Betrieb, Auto, Einwohner, Patient) heißt **statistische Einheit.**

2. Die Gesamtheit der statistischen Einheiten, die Gegenstand der statistischen Untersuchung ist, heißt **statistische Masse** oder **statistische Gesamtheit.**

3. Die Eigenschaften einer statistischen Einheit, für die man sich bei einer statistischen Untersuchung interessiert, heißen **Merkmale.** Träger der Merkmale (die sogenannten **Merkmalsträger**) sind die statistischen Einheiten.

4. Die verschiedenen Ergebnisse, die bei der Beobachtung oder Messung auftreten können, heißen **Merkmalsausprägungen.**

Zu Beginn jeder statistischen Untersuchung müssen diese Begriffe festgelegt werden. Sie hängen vom Zweck der statistischen Untersuchung ab.

Beispiel 2.1

Eine statistische Untersuchung dient der Ermittlung des Anteils der männlichen und weiblichen Bevölkerung an der gesamten Bevölkerung der Bundesrepublik. Die obigen Begriffe sind dann folgendermaßen festzulegen:

Begriff	Beispiel
statistische Einheit	jeder Bürger der BRD
statistische Masse	Bevölkerung der BRD
Merkmal	Geschlecht
Merkmalsausprägungen	männlich, weiblich

Beispiel 2.2

Durch eine statistische Untersuchung soll die durchschnittliche Haushaltsgröße bzgl. der Stadt Dortmund ermittelt werden. Die obigen Begriffe sind dann folgendermaßen festzulegen:

Begriff	Beispiel
statistische Einheit	jeder Haushalt von Dortmund
statistische Masse	Gesamtheit der Haushalte von Dortmund
Merkmal	Haushaltsgröße
Merkmalsausprägungen	1, 2, 3, ...

Die Abhängigkeit der Festlegung der statistischen Einheiten vom Zweck der statistischen Untersuchung wird durch zwei Beispiele zur Verkehrsbefragung veranschaulicht.

Beispiel 2.3

a) Zur Einschränkung des Individualverkehrs möchte man einen Busverkehr einrichten. Um die Kapazität, die man zur Verfügung stellen muß, beurteilen zu können, wird man als statistische Einheiten die Insassen der vorbeifahrenden PKWs wählen.

b) Wegen einer geplanten Baustelle muß der Verkehr umgeleitet werden. Um beurteilen zu können, ob die Umleitungsstrecke dem Verkehrsaufkommen gewachsen ist, wird man als statistische Einheiten die vorbeifahrenden PKWs selbst wählen.

Bei der Erfassung von Informationen über die statistischen Einheiten werden Größen, die die interessierenden Merkmale bei den einzelnen Einheiten annehmen, registriert. Die bei einer statistischen Einheit festgestellte Merkmalsausprägung heißt **Merkmalswert.**

Es wird im folgenden stets zwischen den Merkmalsausprägungen, die dem Merkmal zugeordnet sind, und den Merkmalswerten, die den statistischen Einheiten zugeordnet sind, unterschieden.

2.3 Sachliche, räumliche und zeitliche Abgrenzung der statistischen Masse

Jede statistische Einheit muß sachlich, räumlich und zeitlich eindeutig identifizierbar bzw. abgrenzbar sein. Die statistische Masse ist dann die Gesamtheit der statistischen Einheiten mit übereinstimmenden Identifikationskriterien. Die Problematik einer richtigen und eindeutigen Abgrenzung der statistischen Masse zeigen die folgenden Beispiele.

Beispiel 2.4

Durch eine statistische Untersuchung soll das monatliche Einkommen von Erwerbspersonen in Dortmund ermittelt werden.

a) Sachliche Abgrenzung:
Es ist z. B. festzulegen, ob auch Auszubildende und Teilzeitbeschäftigte in die statistische Untersuchung mit einbezogen werden sollen.

b) Räumliche Abgrenzung:
Es ist z. B. festzulegen, ob der Wohnsitz oder der Arbeitsort des Erwerbstätigen maßgeblich ist.

c) Zeitliche Abgrenzung:
Da das monatliche Einkommen von Erwerbspersonen Veränderungen in der Zeit unterworfen ist, muß für die statistische Untersuchung ein bestimmter Monat festgelegt werden.

Beispiel 2.5

Ein Meinungsforschungsinstitut interessiert sich vor einer Bundestagswahl für das Wählerverhalten.

a) Sachliche Abgrenzung:
Es ist der Begriff der „Wahlberechtigung" zu beachten. Es dürfen z. B. nur Personen über 18 Jahre, keine Ausländer und keine Entmündigten erfaßt werden.

b) Räumliche Abgrenzung:
Die statistische Untersuchung bezieht sich auf die in der Bundesrepublik wohnhaften Personen.

c) Zeitliche Abgrenzung:
Die in die Untersuchung einbezogenen Personen müssen zum Zeitpunkt der Bundestagswahl und nicht zum Zeitpunkt der Befragung über 18 Jahre alt sein.

Beim Vergleich verschiedener statistischer Untersuchungen über den gleichen Sachverhalt muß man sehr genau prüfen, ob die Identifikationskriterien beider Untersuchungen einen sinnvollen Vergleich ermöglichen. Viele Fehldeutungen resultieren etwa daraus, daß Begriffe wie „Student" oder „Arbeitsloser" in verschiedenen Ländern unterschiedliche Bedeutung haben.

2.4 Bestands- und Bewegungsmassen

Für statistische Massen ist eine Unterscheidung in **Bestandsmassen** und **Bewegungsmassen** zweckmäßig. Die Erfassung von Bestandsmassen geschieht immer zu bestimmten **Zeitpunkten.** Es wird zu einem Zeitpunkt gezählt oder gemessen, wie groß der Bestand ist. Die entsprechenden statistischen Einheiten weisen eine gewisse Lebensdauer in der Zeit auf. Bei Bewegungsmassen haben wir es mit Ereignissen zu tun, die zu bestimmten Zeitpunkten eintreten. Bewegungsmassen werden für **Zeiträume** erfaßt.

Beispiel 2.6

Beispiele für Bestandsmassen sind

a) Einwohner von Dortmund,

b) Studenten einer Hochschule,

c) Rentenempfänger.

Beispiel 2.7

Beispiele für Bewegungsmassen sind

a) Geburten in Bayern im September 1977,

b) Verbrauch an Bier in Hessen im Jahre 1979,

c) Verkehrsunfälle mit Personenschaden in der Bundesrepublik Deutschland im Jahre 1980.

Es gibt Bestands- und Bewegungsmassen, die in dem Sinne zusammengehören, daß die Bewegungsmassen Zu- oder Abgänge der Bestandsmasse beschreiben. So zusammengehörende statistische Massen heißen **korrespondierende Massen.** Die fortlaufende Ergänzung (Erhöhung oder Verringerung) einer Bestandsmasse durch die korrespondierenden Bewegungsmassen heißt **Fortschreibung.**

Beispiel 2.8

Aus der Bestandsmasse *„Zugelassene Kraftfahrzeuge in der Bundesrepublik am 1. 1. 80“* erhält man durch Fortschreibung mit Hilfe der korrespondierenden Bewegungsmassen *„Anmeldungen von Kraftfahrzeugen in der Bundesrepublik vom 1. 1. 80 bis 31. 12. 80“* und *„Abmeldungen von Kraftfahrzeugen in der Bundesrepublik vom 1. 1. 80 bis 31. 12. 80“* die Bestandsmasse *„Zugelassene Kraftfahrzeuge in der Bundesrepublik am 31. 12. 80“.*

2.5 Statistische Maßskalen

Bei der Betrachtung der Merkmalsausprägungen verschiedener Merkmale stellt man fest, daß die Merkmalsausprägungen von unterschiedlicher Art und Qualität sein können. So können etwa bei einer Person die Merkmale Alter, Geschlecht, Körpergröße, Einkommen usw. von Interesse sein. Jedes Merkmal hat zwei oder mehr Merkmalsausprägungen, die nach Art des betrachteten Merkmals anhand verschiedener **Skalen** gemessen werden.

Die Unterscheidung verschiedener Skalen ist deshalb von Bedeutung, weil sie den Umfang der anwendbaren statistischen Verfahren bestimmen. Man kann insgesamt fünf Skalentypen unterscheiden, die im folgenden präzisiert werden.

(1) **Nominalskala**

Die Merkmalsausprägungen drücken lediglich eine **Verschiedenartigkeit** aus. Dabei ist es unwesentlich, ob die Merkmalsausprägungen verbal (z. B. schwarz, weiß) oder zahlenmäßig verschlüsselt (z. B. 1 = männlich, 2 = weiblich) dargestellt werden. Nominalskalierte Merkmale sind z. B. Geschlecht, Familienstand und Religionszugehörigkeit.

(2) **Ordinalskala**

Die Merkmalsausprägungen bringen neben einer Verschiedenartigkeit eine **natürliche Rangordnung** zum Ausdruck. Die Merkmalsausprägungen können verbal (z. B. gut, befriedigend) oder zahlenmäßig verschlüsselt (z. B. 2 = gut, 3 = befriedigend) dargestellt werden. Die Abstände zwischen den Merkmalsausprägungen sind nicht quantifizierbar, d. h. die Zahlen der Zuordnungsziffern sagen nichts über die Abstände zwischen den Merkmalsausprägungen aus. Ordinalskalierte Merkmale sind z. B. Prüfungsnoten, Güteklassen bei Lebensmitteln und Rangplätze einer Fußballiga.

(3) **Intervallskala**

Die Merkmalsausprägungen werden grundsätzlich als Zahlen dargestellt. Neben die Rangordnung tritt noch die Möglichkeit, **Abstände** zwischen den Merkmalsausprägungen miteinander zu vergleichen. Die Ausprägungen können als ein Vielfaches einer Maßeinheit angegeben werden. Der 0-Punkt ist nicht natürlich, sondern Gegenstand einer Vereinbarung. So ist z. B. zwischen 1910 und 1930 doppelt so viel Zeit vergangen wie zwischen 1940 und 1950. Die Festlegung des Jahres 0 unserer Zeitrechnung ist willkürlich und wurde in anderen Kulturen anders vereinbart. Intervallskalierte Merkmale sind z. B. Temperatur und Breiten- und Längengrade auf der Erde. Bei intervallskalierten Merkmalen ist es nicht sinnvoll, Merkmalsausprägungen direkt ins Verhältnis zu setzen. So ist z. B. die Aussage „20° C ist doppelt so warm wie 10° C“ nicht sinnvoll.

(4) **Verhältnisskala**

Zu den Eigenschaften der Intervallskala kommt noch ein **natürlicher Nullpunkt.** Dadurch ist es unabhängig von der gewählten Maßeinheit sinnvoll, Quotienten zweier Merkmalsausprägungen zu bilden. So ist z. B. ein Mensch mit 100 kg Gewicht doppelt so schwer wie ein Mensch mit 50 kg Gewicht. Verhältnisskalierte Merkmale sind z. B. Alter, Körpergröße und Einkommen.

(5) **Absolutskala**

Zu den Eigenschaften der Verhältnisskala kommt noch eine **natürliche Einheit.** Der Zahlenwert 1 ist also nicht von einer Vereinbarung abhängig (wie z. B. 1 kg oder 1 m) sondern maßstabsunabhängig. Bei absolutskalierten Merkmalen handelt es sich um Stückzahlen wie z. B. Kinderzahl oder Seitenzahl eines Buches.

Die fünf Skalentypen sind in der angegebenen Reihenfolge hierarchisch, d. h. ein ordinalskaliertes Merkmal ist auch nominalskaliert und ein verhältnisskaliertes Merkmal ist auch intervall-, ordinal- und nominalskaliert. Mit jedem Skalentyp ist ein ganz bestimmtes **Ausmaß an Information** über die statistische Masse verbunden. Der Skalentyp bestimmt außerdem, in welcher Form die Merkmalsausprägungen **transformiert** werden dürfen.

Unter **metrischen** oder **quantitativen Merkmalen** versteht man ein Merkmal, das mindestens intervallskaliert ist. Ansonsten spricht man von **nichtmetrischen** oder **qualitativen** Merkmalen.

2.6 Diskrete und stetige Merkmale

Bei den metrisch skalierten Merkmalen unterscheidet man zwischen **diskreten** und **stetigen (kontinuierlichen)** Merkmalen. Ein Merkmal wird als diskret bezeichnet, wenn es nur bestimmte isolierte Werte annehmen kann. Stetige Merkmale dagegen können — zumindest in einem bestimmten Bereich — jeden Wert annehmen. Diskrete Merkmale mit nur zwei Merkmalsausprägungen (z. B. das Merkmal *Geschlecht*) heißen **dichotome Merkmale.**

Beispiel 2.9

a) Diskrete Merkmale sind z. B. Kinderzahl, Seitenzahl eines Buches, Zahl der Beschäftigten eines Betriebs.

b) Stetige Merkmale sind z. B. Körpergröße, Lebensalter, Länge eines Werkstücks.

Stetige Merkmale lassen sich allerdings in der Praxis wegen der begrenzten Genauigkeit von Meßinstrumenten nur **diskret erfassen.** So ist das Körpergewicht zwar ein stetiges Merkmal, es kann aber nur so fein gemessen werden, wie es die Genauigkeit der Waage zuläßt.

Häufig ist es eine Frage der Zweckmäßigkeit, ob man ein Merkmal als stetig oder diskret behandelt. So ist das Einkommen einer Person zwar ein diskretes Merkmal (ganzzahlige Pfennigbeträge), das aber bei vielen Überlegungen als stetiges Merkmal aufgefaßt wird. Umgekehrt wird das stetige Merkmal „Körpergröße" häufig in vollen Zentimetern angegeben und wird damit wie ein diskretes Merkmal behandelt.

2.7 Häufbare und nichthäufbare Merkmale

Bei nominalskalierten Merkmalen unterscheidet man zwischen **häufbaren** und **nichthäufbaren** Merkmalen. Ein Merkmal heißt häufbar, wenn dieselbe statistische Einheit mehrere Merkmalswerte haben kann.

Beispiel 2.10

Häufbare Merkmale sind z. B.

a) Krankheit: Leberentzündung und Asthma,

b) erlernter Beruf: Ingenieur und Betriebswirt,

c) abonnierte Zeitungen: Spiegel und Stern.

In diesem Buch werden ausschließlich nichthäufbare Merkmale behandelt.

Aufgaben und Kontrollfragen

1. Mit Hilfe einer statistischen Untersuchung soll die durchschnittliche Studiendauer an deutschen Hochschulen ermittelt werden. Überlegen Sie sich Möglichkeiten einer sachlichen, räumlichen und zeitlichen Abgrenzung der statistischen Masse.

2. Skizzieren Sie den Unterschied zwischen Bestands- und Bewegungsmassen und überlegen Sie sich Beispiele.

3. Geben Sie zu den folgenden statistischen Massen an, ob es sich um Bestands- oder Bewegungsmassen handelt:
   a) Todesfälle in einer Gemeinde,
   b) Maschinenausfälle in einer Werkstatt,
   c) wartende Kunden vor einem Schalter,
   d) Anmeldungen in einem Einwohnermeldeamt,
   e) Beschäftigte in einem Betrieb.

4. Geben Sie zu folgenden Bestandsmassen die korrespondierenden Bewegungsmassen an:
   a) Einwohner von Dortmund,
   b) Kontostand,
   c) Rentenempfänger.

5. Warum unterscheidet man statistische Maßskalen?

6. Geben Sie das Skalenniveau folgender Merkmale an:
   a) Jahresumsatz,
   b) Höhe von Bergen,
   c) Nationalität,
   d) Anzahl von Verkehrsunfällen,
   e) Tarifklassen bei der Kfz-Haftpflichtversicherung.

7. Sind folgende Merkmale diskret oder stetig?
   a) Wahlergebnis einer Partei,
   b) Kraftstoffverbrauch eines Personenkraftwagens auf 100 km,
   c) Zahl der pro Stunde an einem Schalter abgefertigten Personen,
   d) Grundstücksgröße.

8. Was versteht man unter der diskreten Erfassung stetiger Merkmale?

9. Sind folgende Merkmale häufbar oder nichthäufbar?
   a) Ursachen bei Verkehrsunfällen,
   b) Familienstand,
   c) erlernte Fremdsprachen,
   d) abgelegte Prüfungen,
   e) Religionszugehörigkeit.

3 Datenerhebung und Datenquellen

3.1 Lernziele

Wenn Sie dieses Kapitel durchgearbeitet haben, sollten Sie

- die primärstatistischen Erhebungsarten kennen und kurz erläutern können;
- die wichtigsten Träger der amtlichen Statistik und ihre wichtigsten Veröffentlichungen kennen;
- einige Träger der nichtamtlichen Statistik kennen;
- die Begriffe Vollerhebung, Teilerhebung und Stichprobe erläutern können;
- einige Vorteile der Teilerhebung gegenüber der Vollerhebung nennen können.

3.2 Primär- und sekundärstatistische Erhebungen

Bei der Gewinnung statistischer Daten unterscheidet man zwischen **primärstatistischen** und **sekundärstatistischen Erhebungen.** Bei primärstatistischen Erhebungen werden die Daten eigens für diese Untersuchung erhoben. Bei sekundärstatistischen Erhebungen greift man auf bereits vorhandene Daten, die etwa für eine andere Untersuchung bereits gesammelt worden sind, zurück.

Bei primärstatistischen Erhebungen unterscheidet man folgende Erhebungsarten:

(1) **Mündliche Befragung**

Ein Interviewer kann beim Ausfüllen von Fragebogen Hilfestellung leisten. Die Befragung durch ein Interview ist allerdings sehr aufwendig.

(2) **Schriftliche Befragung**

Wegen geringer Sorgfalt beim Ausfüllen von Fragebogen und eines geringen Rücklaufs kann die Güte und die Repräsentativität der Ergebnisse leiden. Nachteilig ist auch der lange Erhebungszeitraum. Der Vorteil der schriftlichen Befragung liegt vor allem im geringen Erhebungsaufwand.

(3) **Beobachtung**

In den Naturwissenschaften sowie bei Verkehrszählungen lassen sich Daten häufig mittels Beobachtung gewinnen. Daten, die durch Beobachtung ermittelt worden sind, sind im allgemeinen unverfälscht und damit nicht mit Fehlern behaftet. In den Wirtschaftswissenschaften ist diese Erhebungsart relativ selten anwendbar.

(4) **Experiment**

Diese Erhebungsart eignet sich z. B. zur Ermittlung der technischen Eigenschaften von Gebrauchsgütern (s. Stiftung Warentest in Berlin). Ein Anwendungsfall in den Wirtschaftswissenschaften ist der sogenannte Produkttest, bei dem auf experimenteller Basis die subjektiven Wirkungen der zu untersuchenden Waren auf bestimmte Testpersonen festgestellt werden.

(5) **Automatische Erfassung**

Die Erhebung erfolgt automatisch mit Hilfe von Meßgeräten. Anwendungsmöglichkeiten bestehen vor allem im technischen Bereich, wie z. B. bei der Messung des Stromverbrauchs oder Wasserverbrauchs von Haushalten.

Bei sekundärstatistischen Erhebungen greift man auf Datenquellen zurück, die im nächsten Abschnitt ausführlich beschrieben werden.

3.3 Träger der Wirtschaftsstatistik und ihre Veröffentlichungen

Benötigt man volks- oder betriebswirtschaftliches Datenmaterial, so kann man im allgemeinen auf bereits vorliegende Veröffentlichungen zurückgreifen. Die Produzenten primärstatistischer Daten werden als Träger der Statistik bezeichnet. Sie lassen sich in zwei große Gruppen einteilen; nämlich in die Träger der **amtlichen Statistik** und in die Träger der **nichtamtlichen Statistik.**

Träger der amtlichen Statistik sind staatliche Institutionen oder vom Staat abhängige Stellen. Die wichtigsten unter ihnen sind

- Statistisches Bundesamt,
- Statistische Landesämter,
- statistische Ämter der Städte,
- Ministerien des Bundes und der Länder,
- Bundesanstalt für Arbeit.

Die wichtigsten Veröffentlichungen der amtlichen Statistik sind

- das **Statistische Jahrbuch** für die Bundesrepublik Deutschland,
- die Zeitschrift **„Wirtschaft und Statistik“**, in der monatlich die neuesten Zahlen veröffentlicht werden,
- der **Statistische Wochendienst,** in dem wöchentlich aktuelle Daten veröffentlicht werden.

Der Vorteil der amtlichen Statistik liegt in der Objektivität und Vollständigkeit der Daten.

Träger der nichtamtlichen Statistik sind unter anderem

- Wirtschaftsverbände,
- Arbeitgeber- und Arbeitnehmerorganisationen,
- wirtschaftswissenschaftliche Institute,
- Markt- und Meinungsforschungsinstitute,
- Unternehmen.

Die Träger der nichtamtlichen Statistik sind beweglicher als die Träger der amtlichen Statistik und können mit ihren Erhebungen schneller den aktuellen Bedürfnissen Rechnung tragen. Allerdings dienen die statistischen Angaben der nichtamtlichen Statistik oft als Mittel der Selbstdarstellung und weisen daher eine geringere Objektivität auf. Die Daten der nichtamtlichen Statistik werden teils veröffentlicht, teils ausschließlich Verbandsmitgliedern zur Verfügung gestellt und teils (von kommerziell betriebenen Markt- und Meinungsforschungsinstituten) nur gegen Entgelt zur Verfügung gestellt.

3.4 Erhebungsumfang

Werden im Rahmen einer statistischen Untersuchung alle statistischen Einheiten erfaßt, so spricht man von einer **Voll-** oder **Totalerhebung.** Beschränkt man sich bei der Erhebung auf einen Teil der statistischen Masse, so spricht man von einer **Teilerhebung.** Der dadurch erfaßte Teil der statistischen Masse heißt **Stichprobe.**

Der Vorteil einer Vollerhebung liegt in der vollständigen Information über die statistische Masse. Trotzdem ist es in vielen Fällen sinnvoll oder sogar notwendig, sich auf Teilerhebungen zu beschränken.

Teilerhebungen besitzen einige Vorteile gegenüber Totalerhebungen.

1. In manchen Fällen ist eine Totalerhebung praktisch unmöglich oder sachlich unsinnig. So führt z. B. in der Qualitätskontrolle die Prüfung eines Produkts zu dessen Zerstörung.
2. Teilerhebungen sind mit geringerem Aufwand verbunden. Je weniger Einheiten erfaßt werden müssen, desto geringer sind die Kosten.
3. Eine Teilerhebung läßt sich schneller durchführen. Die Ergebnisse sind daher häufig aktueller.
4. Die Ergebnisse können genauer sein, da Fehler durch eine sorgfältigere Durchführung weitgehend vermieden werden können.

Auch bei Teilerhebungen bleibt das Ziel der statistischen Untersuchung stets die gesamte statistische Masse. Die Ergebnisse einer Teilerhebung müssen also stets auf die zugrundeliegende statistische Masse übertragen werden. Diesen Vorgang nennt man **Hochrechnung.**

In diesem Buch werden nur Methoden behandelt, die eine vollständige Erfassung der statistischen Masse voraussetzten. Demgegenüber faßt man alle Methoden, mit deren Hilfe man von einer Stichprobe auf die gesamte statistische Masse hochrechnet unter dem Begriff **„Schließende Statistik"** zusammen, die in einem anderen Buch dieser Buchreihe behandelt wird.

Aufgaben und Kontrollfragen

1. Nennen Sie Beispiele primärstatistischer Erhebungsarten.

2. Nennen Sie die wichtigsten Träger der amtlichen Statistik und ihre wichtigsten Veröffentlichungen.

3. Nennen Sie einige Träger der nichtamtlichen Statistik.

4. Nennen Sie Vorteile der amtlichen und nichtamtlichen Statistik.

5. Nennen Sie Vorteile von Teilerhebungen gegenüber Totalerhebungen.

4 Eindimensionale Häufigkeitsverteilungen

4.1 Lernziele

Wenn Sie dieses Kapitel durchgearbeitet haben, sollten Sie

- wissen, was eine Urliste ist;
- wissen, wie die absoluten, die relativen und die relativen prozentualen Häufigkeiten definiert sind und wie man diese Häufigkeiten aus der Urliste ermittelt;
- aus der Urliste die Strichliste und die Häufigkeitstabelle aufstellen können;
- zu einer Häufigkeitsverteilung die absoluten und relativen Summenhäufigkeiten berechnen und die Summenhäufigkeitsfunktion zeichnen können;
- Stabdiagramme, Rechteckdiagramme, Kreisdiagramme, Piktogramme und Häufigkeitspolygone zeichnen und interpretieren können;
- wissen, welches Ziel man mit einer Klasseneinteilung verfolgt;
- nach einer Klasseneinteilung die absoluten und relativen Klassenhäufigkeiten sowie die absoluten und relativen Summenhäufigkeiten ermitteln können;
- nach einer Klasseneinteilung das Histogramm, das Häufigkeitspolygon und die Summenhäufigkeitsfunktion zeichnen können;
- das typische Aussehen der wichtigsten Verteilungsformen kennen.

4.2 Häufigkeitstabelle

Werden bei einer primärstatistischen Erhebung die Merkmalswerte in der Reihenfolge notiert, in der sie sich nacheinander ergeben, so nennt man das Ergebnis eine **Urliste.**

Beispiel 4.1

Anläßlich einer Schulstatistik wurde in einer Klasse das Alter von 25 Schülern festgestellt. Dabei erhielt man folgende Urliste:

Nr. i der statistischen Einheit	Merkmalswert a_i (in Jahren)	Nr. i der statistischen Einheit	Merkmalswert a_i (in Jahren)	Nr. i der statistischen Einheit	Merkmalswert a_i (in Jahren)
1	14	10	14	19	16
2	15	11	15	20	15
3	14	12	17	21	14
4	16	13	15	22	15
5	17	14	16	23	17
6	15	15	15	24	16
7	14	16	14	25	15
8	15	17	17		
9	16	18	15		

Abbildung 4.1 Urliste zu Beispiel 4.1

Eine erste Aufbereitung der durch die Urliste gegebenen Daten besteht nun darin, die auf die einzelnen Merkmalsausprägungen entfallende Anzahl von statistischen Einheiten auszuzählen. Wenn das Datenmaterial nicht zu umfangreich ist, kann das Auszählen mit Hilfe einer **Strichliste** erfolgen.

Nr. i	Alter x_i (in Jahren)	Anzahl der Schüler mit dem Alter x_i
1	14	𝍸 I
2	15	𝍸 𝍸
3	16	𝍸
4	17	IIII

Abbildung 4.2 Strichliste zu Beispiel 4.1

In der Strichliste und in den folgenden Tabellen werden die Merkmalsausprägungen aus Aufwandsgründen im allgemeinen nur in dem relevanten Bereich aufgeführt. Dabei kann es aber auch durchaus sein, daß einige der aufgeführten Merkmalsausprägungen in der Urliste nicht vorkommen.

Es sei ausdrücklich darauf hingewiesen, daß im folgenden stets die Merkmalswerte mit $a_1, a_2, a_3, \ldots$ (s. Urliste) und die relevanten Merkmalsausprägungen mit $x_1, x_2, x_3, \ldots$ (s. Strichliste) bezeichnet werden.

Zur weiteren Aufbereitung des Datenmaterials benötigt man die sogenannten **absoluten** und **relativen Häufigkeiten.** Hat die statistische Masse n statistische Einheiten und das betrachtete Merkmal die k (relevanten) Merkmalsausprägungen $x_1, x_2, \ldots, x_k$, so bezeichnet man die Anzahl h_i $(i = 1, 2, \ldots, k)$ der statistischen Einheiten mit der Merkmalsausprägung x_i als absolute Häufigkeit der Merkmalsausprägung x_i. Dividiert man die absoluten Häufigkeiten h_i durch die Anzahl n der statistischen Einheiten, so erhält man die relativen Häufigkeiten $f_i = \frac{h_i}{n}$. Die Größen $100 \cdot f_i\%$ heißen **relative prozentuale Häufigkeiten.**

Für die absoluten Häufigkeiten h_i gilt

$$0 \leqq h_i \leqq n \; (i = 1, 2, \ldots, k) \quad \text{und} \quad \sum_{i=1}^{k} h_i = n.$$

Für die relativen Häufigkeiten gilt

$$0 \leqq f_i \leqq 1 \; (i = 1, 2, \ldots, k) \quad \text{und} \quad \sum_{i=1}^{k} f_i = 1.$$

Unter der **Häufigkeitsverteilung** eines Merkmals versteht man die Merkmalsausprägungen mit ihren absoluten bzw. relativen Häufigkeiten. Zur **tabellarischen Darstellung** einer Häufigkeitsverteilung bedient man sich einer sogenannten **Häufigkeitstabelle.**

Nr. i	x_i	h_i	f_i	$100 \cdot f_i\%$
1	14	6	0,24	24
2	15	10	0,40	40
3	16	5	0,20	20
4	17	4	0,16	16
	Σ	25	1,00	100

Abbildung 4.3 Häufigkeitstabelle zu Beispiel 4.1

4.3 Absolute und relative Summenhäufigkeiten

Bei quantitativen Merkmalen ist es häufig von Vorteil, die Häufigkeitstabelle um die **absoluten** bzw. **relativen Summenhäufigkeiten** zu ergänzen.

Durch **Kumulierung** der absoluten Häufigkeiten h_i erhält man die absoluten Summenhäufigkeiten H_i, d. h.

$$H_i = h_1 + h_2 + \cdots + h_i = \sum_{j=1}^{i} h_j \quad (i = 1, 2, \ldots, k).$$

H_i gibt die **Anzahl** der statistischen Einheiten an, die einen Merkmalswert haben, der **höchstens** x_i beträgt.

Durch **Kumulierung** der relativen Häufigkeiten f_i erhält man die relativen Summenhäufigkeiten F_i, d. h.

$$F_i = f_1 + f_2 + \cdots + f_i = \sum_{j=1}^{i} f_j \quad (i = 1, 2, \ldots, k).$$

F_i gibt den **Anteil** der statistischen Einheiten an, die einen Merkmalswert haben, der **höchstens** x_i beträgt.

Die Abbildung 4.4 zeigt die um die absoluten und relativen Summenhäufigkeiten erweiterte Häufigkeitstabelle zu Beispiel 4.1.

Nr. i	x_i	h_i	f_i	H_i	F_i
1	14	6	0,24	6	0,24
2	15	10	0,40	16	0,64
3	16	5	0,20	21	0,84
4	17	4	0,16	25	1,00

Abbildung 4.4 Absolute und relative Summenhäufigkeiten zu Beispiel 4.1

Mit Hilfe der relativen Summenhäufigkeiten läßt sich die **Summenhäufigkeitsfunktion (empirische Verteilungsfunktion)** F (x) definieren. F (x) gibt den Anteil der statistischen Einheiten an, die einen Merkmalswert haben, der **höchstens** x ist, d. h.

$$F(x) = \begin{cases} 0 & \text{für } x < x_1 \\ F_i & \text{für } x_i \leqq x < x_{i+1} \quad (i = 1, 2, \ldots, k-1) \\ 1 & \text{für } x \geqq x_k \end{cases}$$

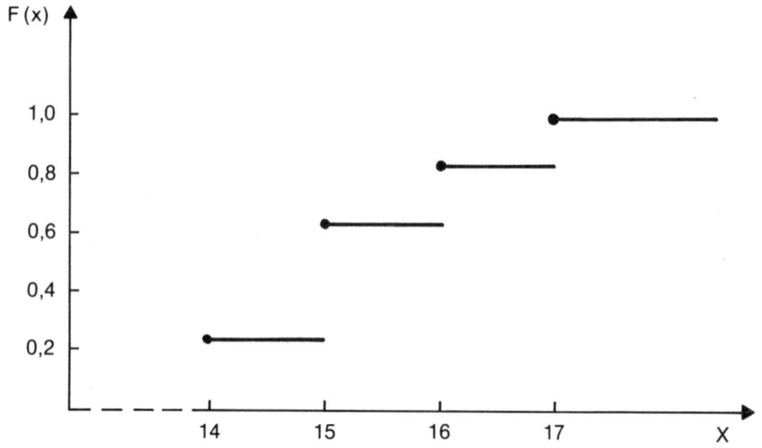

Abbildung 4.5 Summenhäufigkeitsfunktion F (x) zu Beispiel 4.1

Die Summenhäufigkeitsfunktion ist eine sogenannte **Treppenfunktion.** Sie ist zwischen zwei Merkmalsausprägungen konstant und springt in jeder Merkmalsausprägung x_i um die relative Häufigkeit f_i nach oben.

4.4 Graphische Darstellungen

Anschaulicher als die tabellarischen Darstellungen von Häufigkeitsverteilungen sind die graphischen Darstellungen.

Es werden zunächst Möglichkeiten der graphischen Darstellung bei qualitativen Merkmalen angegeben.

Beispiel 4.2

Eine Untersuchung über die soziale Struktur einer Region hat ergeben, daß 40 % der Beschäftigten Arbeiter, 25 % Angestellte, 15 % Beamte und 20 % Selbständige sind.

Bei qualitativen Merkmalen, die im allgemeinen nur wenige Merkmalsausprägungen haben, empfiehlt sich häufig eine der in den Abbildungen 4.6 und 4.7 gezeigten graphischen Darstellungen.

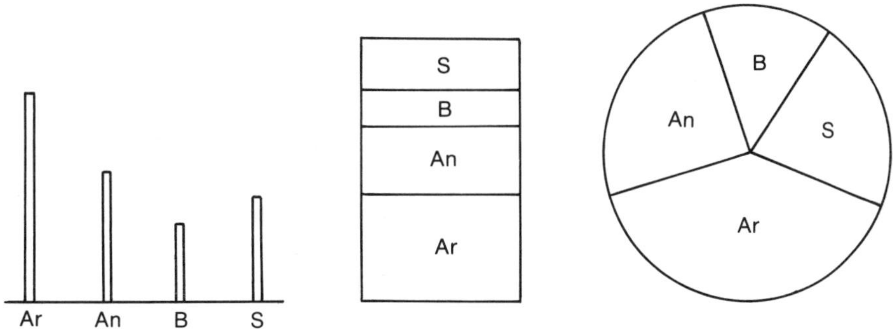

Abbildung 4.6 Stabdiagramm, Rechteckdiagramm, Kreisdiagramm zu Beispiel 4.2

Beim **Stabdiagramm** entspricht die Länge des i-ten Stabes, beim **Rechteckdiagramm** die Größe der i-ten Teilfläche und beim **Kreisdiagramm** die Größe des i-ten Kreissegments der absoluten Häufigkeit h_i bzw. der relativen Häufigkeit f_i.

Bei Darstellungen in Zeitungen werden oft auch **Piktogramme** verwendet.

Abbildung 4.7 Piktogramm zu Beispiel 4.2

Bei der graphischen Darstellung quantitativer Merkmale kann man das Stabdiagramm in ein Koordinatensystem einzeichnen.

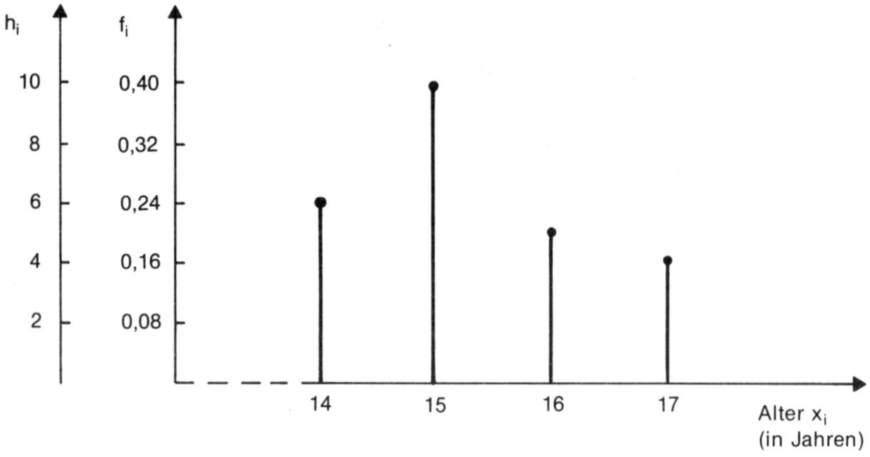

Abbildung 4.8 Stabdiagramm zu Beispiel 4.1

Verbindet man die Endpunkte der Stäbe des Stabdiagramms miteinander und zeichnet die Stäbe nicht ins Diagramm ein, so erhält man das sogenannte **Häufigkeitspolygon.**

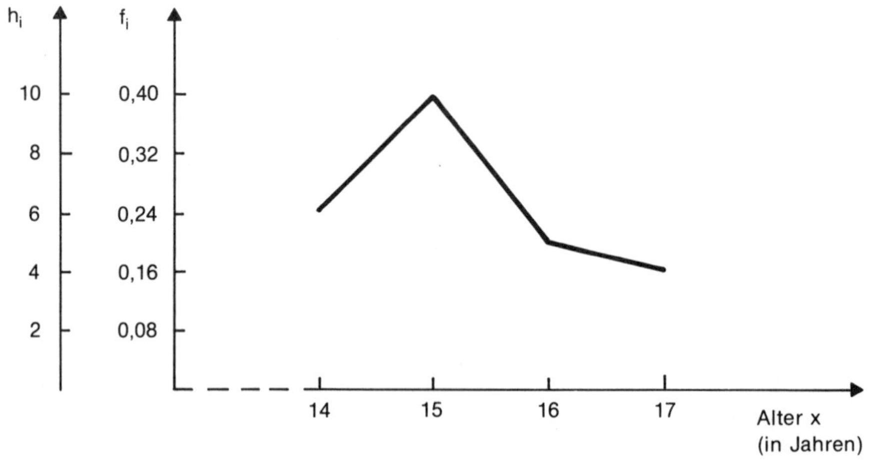

Abbildung 4.9 Häufigkeitspolygon zu Beispiel 4.1

4.5 Klasseneinteilung

Bei diskreten Merkmalen mit sehr vielen Merkmalsausprägungen oder bei stetigen Merkmalen empfiehlt es sich, die Häufigkeiten nicht mehr jeder einzelnen Merkmalsausprägung zuzuordnen, sondern die Merkmalsausprägungen in Klassen zusammenzufassen und die Anzahl der statistischen Einheiten zu bestimmen, deren Merkmalswerte in die einzelnen Klassen fallen. Eine Klasseneinteilung ist nur bei quantitativen Merkmalen sinnvoll.

Die i-te Klasse wird im allgemeinen durch die **untere Klassengrenze** x_i^u und die **obere Klassengrenze** x_i^o begrenzt. Die erste und/oder die letzte Klasse ist häufig offen. Da die einzelnen Klassen aneinanderstoßen, gilt bei k Klassen

$$x_i^o = x_{i+1}^u \quad (i = 1, 2, \ldots, k-1).$$

Für die **Klassenbreite** Δx_i gilt

$$\Delta x_i = x_i^o - x_i^u \quad (i = 1, 2, \ldots, k).$$

Häufig denkt man sich die Merkmalswerte der i-ten Klasse — sofern es sich nicht um eine offene Klasse handelt — in der **Klassenmitte** x_i^* mit

$$x_i^* = \tfrac{1}{2}(x_i^u + x_i^o)$$

konzentriert. Die Anzahl bzw. der Anteil der Merkmalswerte in der i-ten Klasse heißt **absolute Klassenhäufigkeit** h_i^* bzw. **relative Klassenhäufigkeit** f_i^*.

Für Merkmalswerte, die auf Klassengrenzen liegen, muß man festlegen, ob man sie zur rechten oder zur linken Klasse oder je zur Hälfte zu beiden Klassen rechnet.

Mit der **Klasseneinteilung** wird das Ziel verfolgt, die Struktur der statistischen Masse möglichst deutlich zu machen. Wie viele Klassen dabei gebildet werden sollen, läßt sich nicht generell angeben. Bildet man zu viele Klassen, so wird die Häufigkeitsverteilung unübersichtlich, weil viele Klassen zu gering oder gar nicht besetzt sind; bildet man zu wenige Klassen, so wird die charakteristische Struktur der Häufigkeitsverteilung unter Umständen nicht deutlich. Im allgemeinen wird man Klassen mit konstanter Klassenbreite $\Delta x_i = \Delta x$ bilden. Manchmal ist es allerdings zweckmäßig, in Bereichen starker Konzentration der Merkmalswerte feinere Klassen zu bilden als in Bereichen geringerer Konzentration.

Wie bei nicht klassifizierten Daten können durch Kumulierung der absoluten bzw. relativen Klassenhäufigkeiten die **absoluten** bzw. **relativen Summenhäufigkeiten** H_i^* bzw. F_i^* gebildet werden. Da unbekannt ist, welche Merkmalswerte die statistischen Einheiten innerhalb einer Klasse besitzen, kann man die absoluten bzw. relativen Summenhäufigkeiten H_i^* bzw. F_i^* immer nur der oberen Klassengrenze x_i^o zuordnen.

Mit Hilfe der relativen Summenhäufigkeiten F_i^* läßt sich die **Summenhäufigkeitsfunktion (empirische Verteilungsfunktion)** $F^*(x)$ bilden. Ihr Bild erhält man dadurch, daß man in einem Koordinatensystem den oberen Klassengrenzen x_i^o die relativen Summenhäufigkeiten F_i^* zuordnet. Diese Punkte können unter der Annahme, daß die Merkmalswerte innerhalb einer Klasse gleichmäßig über die gesamte Klassenbreite verteilt sind, geradlinig miteinander verbunden werden. Der dadurch entstehende Streckenzug wird als **Summenpolygon** bezeichnet. $F^*(x)$ gibt auch hier den Anteil der statistischen Einheiten an, die einen Merkmalswert haben, der höchstens x ist.

Beispiel 4.3

Die Leistungen von 50 Klausurteilnehmern wurden mit Punkten zwischen 0 und 100 bewertet. Die Häufigkeitsverteilung des Merkmals Leistung in Punkten ist in der folgenden Häufigkeitstabelle andeutungsweise dargestellt.

Nr. i	Leistung x_i (in Punkten)	h_i	f_i
1	0	1	0,02
2	1	0	0,00
3	2	0	0,00
4	3	1	0,02
⋮	⋮	⋮	⋮
48	47	0	0,00
49	48	1	0,02
50	49	2	0,04
⋮	⋮	⋮	⋮
98	97	1	0,02
99	98	0	0,00
100	99	2	0,04
101	100	0	0,00

Abbildung 4.10 Häufigkeitstabelle zu Beispiel 4.3

Das Merkmal *Leistung in Punkten* in Beispiel 4.3 hat bezogen auf die Anzahl der statistischen Einheiten sehr viele Merkmalsausprägungen. Das hat zur Folge, daß die entsprechende Häufigkeitsverteilung durch die obige Häufigkeitstabelle nur sehr unübersichtlich dargestellt wird. Die Übersichtlichkeit der Häufigkeitsverteilung läßt sich wesentlich erhöhen, wenn man eine geeignete Klasseneinteilung vornimmt. Im Beispiel 4.3 empfiehlt es sich, etwa diejenigen Punkte zu einer Klasse zusammenzufassen, die die gleiche Note ergeben.

Zur graphischen Darstellung einer klassifizierten Häufigkeitsverteilung verwendet man das sogenannte **Histogramm.** Ein Histogramm besteht aus Rechtecken mit der Höhe d_i und der Breite Δx_i, wobei die Fläche jedes Rechtecks der entsprechen-

Klasse Nr. i	Klassenbreite (in Punkten)	h_i^*	f_i^*	H_i^*	F_i^*
1	$x \leq 24$	2	0,04	2	0,04
2	$24 < x \leq 49$	8	0,16	10	0,20
3	$49 < x \leq 64$	16	0,32	26	0,52
4	$64 < x \leq 79$	14	0,28	40	0,80
5	$79 < x \leq 89$	6	0,12	46	0,92
6	$89 < x \leq 100$	4	0,08	50	1,00

Abbildung 4.11 Klassifizierte Häufigkeitstabelle zu Beispiel 4.3

den relativen Klassenhäufigkeit f_i^* proportional ist. Mit dem Proportionalitätsfaktor a ergibt sich also für die Höhe der Rechtecke die Beziehung

$$d_i = \frac{f_i^*}{a \cdot \Delta x_i}.$$

Bei konstanter Klassenbreite Δx sind die Rechteckhöhen proportional zu den relativen Klassenhäufigkeiten. Die Größen d_i nennt man in Analogie zur Dichtefunktion in der Wahrscheinlichkeitsrechnung Dichte.

Verbindet man die Mittelpunkte der Flächenoberkanten der Rechtecke eines Histogramms geradlinig miteinander, so erhält man analog zur Konstruktion beim Stabdiagramm das **Häufigkeitspolygon** bei Klasseneinteilung.

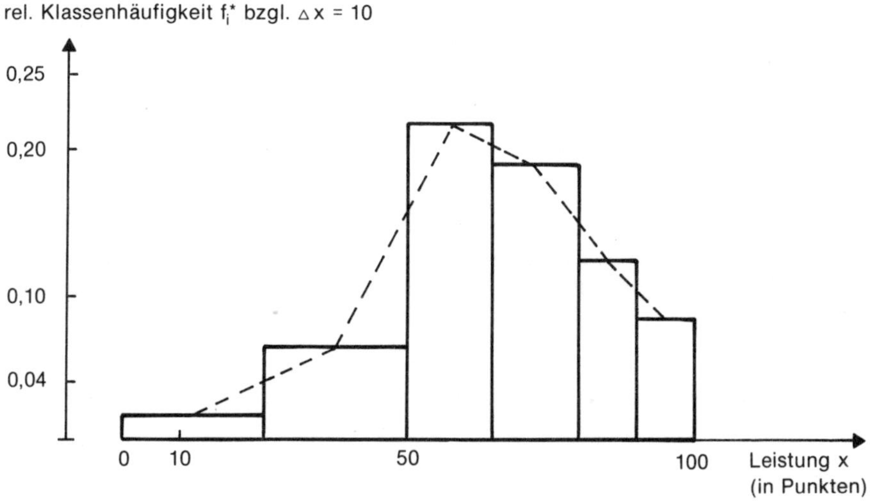

Abbildung 4.12 Histogramm und Häufigkeitspolygon bei Klasseneinteilung zu Beispiel 4.3. Ordinatenmaßstab = relative Häufigkeit bezogen auf eine Klassenbreite von 10 Punkten

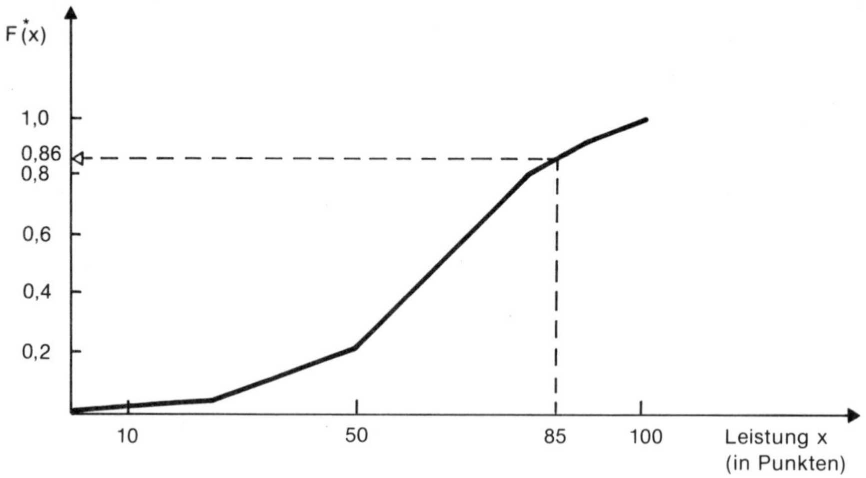

Abbildung 4.13 Summenhäufigkeitsfunktion bei Klasseneinteilung zu Beispiel 4.3

Interessiert man sich etwa für den Anteil der Klausurteilnehmer, die höchstens 85 Punkte erreicht haben, so findet man mit Hilfe der Summenhäufigkeitsfunktion den Anteilswert 0,86.

4.6 Verteilungsformen

Bei Häufigkeitsverteilungen quantitativer Merkmale lassen sich im allgemeinen nach dem Aussehen ihrer graphischen Darstellungen verschiedene **Verteilungsformen** unterscheiden.

Abbildung 4.14 zeigt die typische Gestalt der wichtigsten Verteilungsformen. Die eingezeichneten Häufigkeitskurven kann man als geglättete Häufigkeitspolygone auffassen.

Die Verteilungsform einer Häufigkeitsverteilung gibt einen ersten Überblick über die Struktur der entsprechenden statistischen Masse.

Mit Hilfe der im 5. Kapitel behandelten statistischen Maßzahlen ist eine weitergehende Charakterisierung der Häufigkeitsverteilungen möglich.

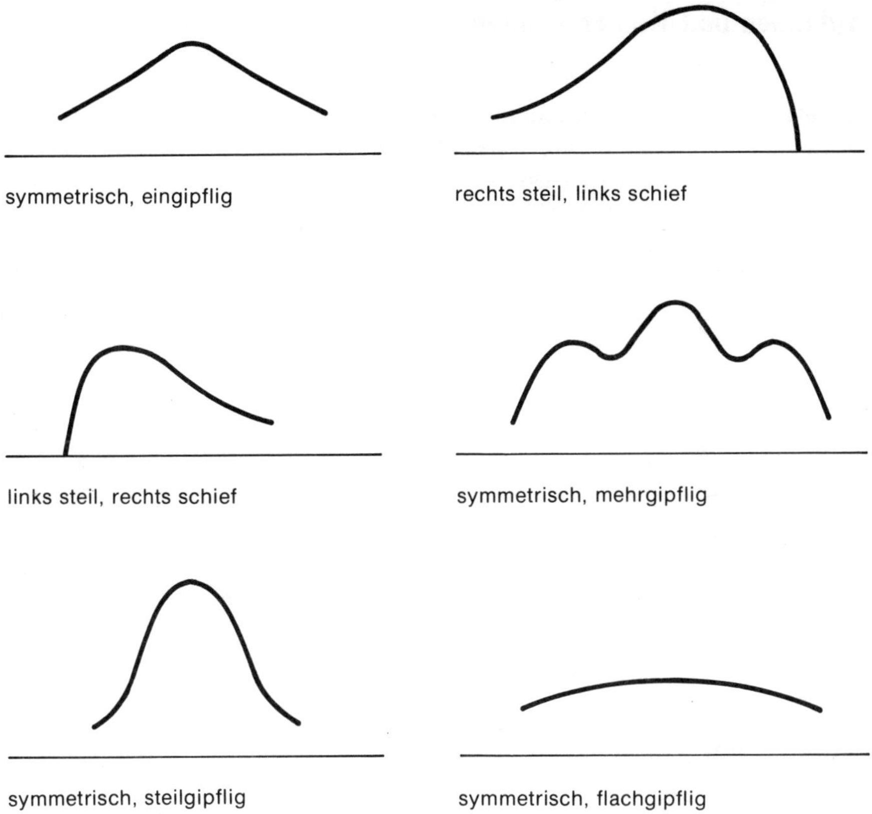

Abbildung 4.14 Verschiedene Verteilungsformen

Aufgaben und Kontrollfragen

1. Bei einer Untersuchung über die Mietpreise einer Großstadt erhebt man bzgl. 40 ausgewählter Wohnungen folgende Urliste:

Nr. i der statistischen Einheit	Merkmalswert a_i (in DM/qm)	Nr. i der statistischen Einheit	Merkmalswert a_i (in DM/qm)
1	6	21	6
2	4	22	5
3	7	23	4
4	5	24	7
5	6	25	6
6	8	26	7
7	7	27	4
8	8	28	8
9	4	29	5
10	5	30	6
11	6	31	7
12	6	32	5
13	7	33	8
14	6	34	6
15	8	35	5
16	7	36	4
17	6	37	6
18	5	38	7
19	4	39	6
20	5	40	5

Abbildung 4.15 Urliste bzgl. einer Untersuchung über Mietpreise

a) Erstellen Sie die Häufigkeitstabelle mit den absoluten und relativen Häufigkeiten sowie den absoluten und relativen Summenhäufigkeiten.
b) Zeichnen Sie das Stabdiagramm und das Kreisdiagramm.
c) Zeichnen Sie die Summenhäufigkeitsfunktion.

2. Bei einer Untersuchung über die Lebensdauer (in Stunden) von 100 Glühbirnen erhielt man folgende Häufigkeitsverteilung:

Klasse Nr. i	Klassenbreite (in Stunden)	Anzahl h_i^* der Glühbirnen
1	$x \leq 100$	1
2	$100 < x \leq 500$	24
3	$500 < x \leq 1000$	45
4	$1000 < x \leq 2000$	30

Abbildung 4.16 Klassifizierte Häufigkeitstabelle bzgl. einer Untersuchung über die Lebensdauer von Glühbirnen

a) Ergänzen Sie die Häufigkeitstabelle um die relativen Klassenhäufigkeiten sowie um die absoluten und relativen Summenhäufigkeiten.

b) Zeichnen Sie das Histogramm und das Häufigkeitspolygon.

c) Zeichnen Sie die Summenhäufigkeitsfunktion und ermitteln Sie graphisch den Anteil der Glühbirnen mit einer Lebensdauer von höchstens 600 Stunden.

3. Welches Ziel verfolgt man mit einer Klasseneinteilung?

4. Zeichnen Sie aus dem Gedächtnis Beispiele für Häufigkeitskurven für die wichtigsten Verteilungsformen.

5 Statistische Maßzahlen eindimensionaler Häufigkeitsverteilungen

5.1 Lernziele

Wenn Sie dieses Kapitel durchgearbeitet haben, sollten Sie

- wissen, warum man Häufigkeitsverteilungen durch statistische Maßzahlen charakterisiert;
- die wichtigsten Lageparameter und ihre wesentlichen Eigenschaften kennen, sowie beurteilen können, welcher Lageparameter bei einer konkreten Problemstellung geeignet ist;
- die wichtigsten Lageparameter ausgehend von einer Urliste bzw. einer Häufigkeitstabelle bzw. einer klassifizierten Häufigkeitstabelle berechnen können;
- erläutern können, warum ein Lageparameter zur Charakterisierung einer Häufigkeitsverteilung häufig nicht ausreicht;
- die wichtigsten Streuungsparameter und ihre wesentlichen Eigenschaften kennen, sowie beurteilen können, welcher Streuungsparameter bei einer konkreten Problemstellung geeignet ist;
- die wichtigsten Streuungsparameter ausgehend von einer Urliste bzw. einer Häufigkeitstabelle bzw. einer klassifizierten Häufigkeitstabelle berechnen können;
- wissen, wie die Momente einer Häufigkeitsverteilung definiert sind und wie man sie berechnet;
- wissen, daß das arithmetische Mittel, die Varianz und die Schiefe spezielle Momente sind;
- die Lorenzkurve einer Häufigkeitsverteilung ermitteln und interpretieren können;
- den Gini-Koeffizienten berechnen und interpretieren können.

5.2 Allgemeine Bemerkungen

Für viele statistische Fragestellungen ist die detaillierte und umfassende Information, die die Häufigkeitsverteilung liefert, unnötig oder sogar störend. Man ist vielmehr daran interessiert, eine Häufigkeitsverteilung durch einige wenige, für die Problemstellung informative Größen zu ersetzen.

Die Charakterisierung einer Häufigkeitsverteilung durch statistische Maßzahlen stellt wie die Klasseneinteilung eine Datenreduktion dar, die dem Ziel dient, das Datenmaterial überschaubarer und aussagekräftiger zu machen.

Man teilt die statistischen Maßzahlen nach sachlichen Gesichtspunkten in verschiedene Klassen ein. Die wichtigsten Klassen sind die Lageparameter, die Streuungsparameter, die Momente und die Konzentrationsmaße.

Die Berechnungsformeln für die statistischen Maßzahlen hängen davon ab, ob das Datenmaterial als Urliste, als Häufigkeitstabelle oder als klassifizierte Häufigkeitstabelle vorliegt.

Jede statistische Maßzahl ist nur für Verteilungen von Merkmalen definiert bzw. sinnvoll, deren Maßskala die bei der Berechnung benötigten Rechenoperationen gestattet.

5.3 Lageparameter

Zu den wichtigsten statistischen Maßzahlen gehören die **Lageparameter.** Sie werden auch als **Mittelwerte** oder **Durchschnitte** bezeichnet.

Die Statistik bietet — zumindest für quantitative Merkmale — eine ganze Reihe von Lageparametern an. Welcher Lageparameter im konkreten Fall geeignet ist, hängt von der Problemstellung und dem Informationsbedürfnis ab.

Lageparameter sollen folgenden Anforderungen genügen:

1. Der Lageparameter soll die entsprechende Verteilung möglichst gut repräsentieren (z. B. das Durchschnittseinkommen zur Charakterisierung der Einkommensstruktur eines Betriebes).
2. Der Lageparameter soll es ermöglichen, verschiedene Verteilungen des gleichen Merkmals bzgl. verschiedener statistischer Massen miteinander zu vergleichen (z. B. in welchem von zwei Betrieben wird besser verdient).
3. Der Lageparameter soll die Beurteilung von Einzelwerten oder Gruppen von Einzelwerten ermöglichen (z. B. gehöre ich zur jüngeren oder älteren Hälfte der Bevölkerung).

In den nächsten Abschnitten werden die wichtigsten Lageparameter behandelt.

5.3.1 Modus

Der einfachste Lageparameter ist der **Modus** $\bar{x}_D$, der auch als **dichtester Wert** oder **häufigster Wert** bezeichnet wird. Der Modus ist die Merkmalsausprägung, die am häufigsten vorkommt. Er ist um so aussagekräftiger, je stärker die entsprechende Merkmalsausprägung dominiert. Kommen mehrere Merkmalsausprägungen als Modus in Frage, so verliert der Modus an Aussagekraft. Für nominalskalierte Merkmale ist der Modus der einzige sinnvolle Lageparameter.

Beispiel 5.1

Die Befragung von 100 Personen nach dem Familienstand ergab folgendes Ergebnis:

Familienstand	ledig	verheiratet	geschieden	verwitwet
abs. Häufigkeit	35	50	10	5

Für den Modus erhält man $\bar{x}_D$ = verheiratet.

5.3.2 Median oder Zentralwert

Die Berechnung des **Medians** $\bar{x}_Z$, der auch als **Zentralwert** bezeichnet wird, setzt ein mindestens ordinalskaliertes Merkmal voraus.

Sind $a_1, a_2, \ldots, a_n$ die aufsteigend geordneten Merkmalswerte einer Urliste, so ist der Median folgendermaßen definiert:

$$\bar{x}_Z = \begin{cases} a_{\frac{n+1}{2}} & \text{, falls n ungerade} \\ \dfrac{a_{n/2} + a_{n/2+1}}{2} & \text{, falls n gerade} \end{cases}$$

Die Berechnung des Medians für gerades n ist für nur ordinalskalierte Merkmale problematisch und setzt zumindest voraus, daß die Merkmalsausprägungen zahlenmäßig verschlüsselt vorliegen.

Beispiel 5.2

a) Die Ermittlung des Intelligenzquotienten bei 9 Kindern hat die Merkmalswerte

88, 95, 92, 103, 98, 92, 105, 102, 110

ergeben. Ordnet man die Merkmalswerte aufsteigend, so erhält man die Zahlenreihe

88, 92, 92, 95, 98, 102, 103, 105, 110.

Da n ungerade ist, erhält man für den Median

$\bar{x}_Z = a_{\frac{n+1}{2}} = a_5 = 98.$

b) Die Ermittlung des Intelligenzquotienten bei 8 Kindern hat die Merkmalswerte

86, 95, 92, 105, 102, 100, 98, 96

ergeben. Ordnet man die Merkmalswerte aufsteigend, so erhält man die Zahlenreihe

86, 92, 95, 96, 98, 100, 102, 105.

Da n gerade ist, erhält man für den Median

$$\bar{x}_Z = \frac{a_{n/2} + a_{n/2+1}}{2} = \frac{a_4 + a_5}{2} = \frac{96 + 98}{2} = 97.$$

Liegen die Daten in Form einer Häufigkeitstabelle vor, so ist bei der Berechnung des Medians zu beachten, daß sich die Berechnungsformeln für den Median auf die Merkmalswerte und nicht auf die Merkmalsausprägungen der Häufigkeitstabelle beziehen.

Beispiel 5.3

Die folgende Häufigkeitstabelle beschreibt die Häufigkeitsverteilung der Niederschlagsmenge an den 30 Tagen eines Monats.

Nr. i	Merkmalsausprägungen x_i (in mm)	absolute Häufigkeiten h_i
1	0	9
2	5	6
3	8	6
4	10	6
5	20	3

Abbildung 5.1 Häufigkeitstabelle bzgl. der Niederschlagsmenge an den 30 Tagen eines Monats

Denkt man sich die 30 Merkmalswerte aufsteigend geordnet, so erhält man, da n gerade ist, für den Median

$$\bar{x}_Z = \frac{a_{n/2} + a_{n/2+1}}{2} = \frac{a_{15} + a_{16}}{2} = \frac{x_2 + x_3}{2} = \frac{5 + 8}{2} = 6{,}5.$$

Hat man die Summenhäufigkeitsfunktion einer Verteilung vorliegen, so läßt sich der Median graphisch ermitteln. Dabei sind — wie die folgende Abbildung zeigt — zwei Fälle zu unterscheiden.

Liegen die Daten in Form einer klassifizierten Häufigkeitstabelle vor, so liegt der Median in der Klasse, in der die Summenhäufigkeitsfunktion den Wert 0,5 annimmt.

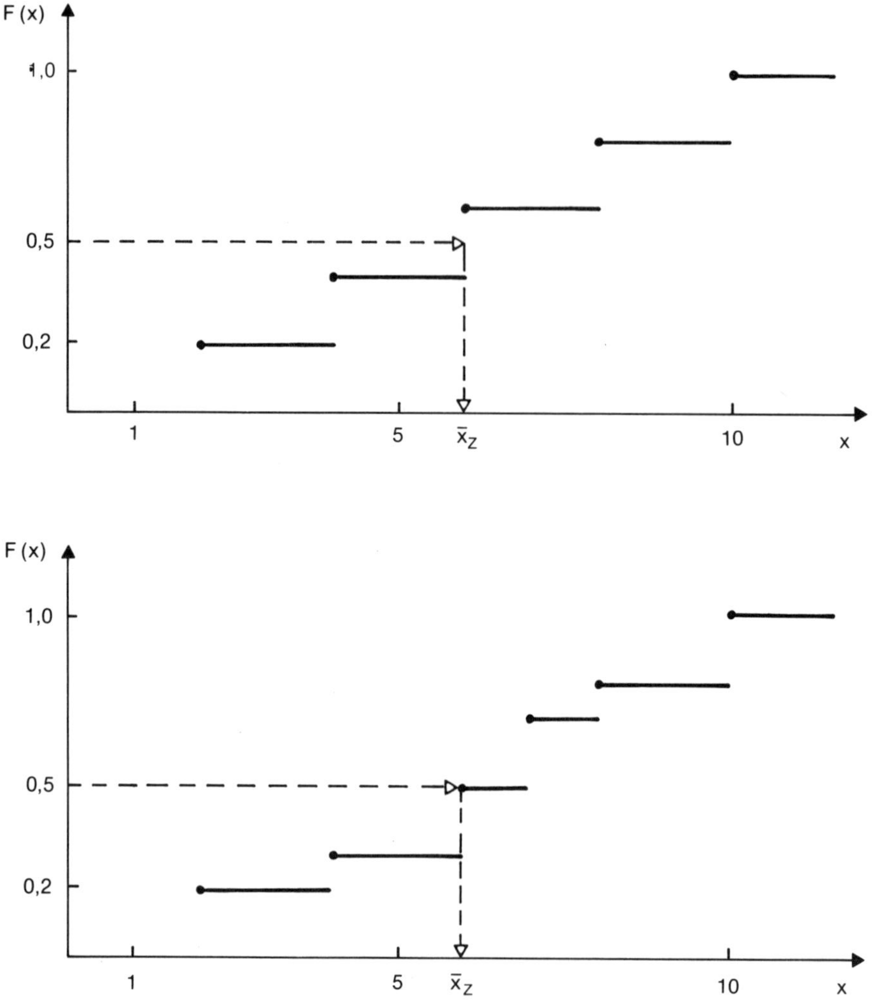

Abbildung 5.2 Graphische Ermittlung des Medians

Unter der Voraussetzung, daß die Merkmalswerte innerhalb der Klasse, die den Median enthält, gleichmäßig über die gesamte Klassenbreite verteilt sind, kann eine **Feinberechnung des Medians** durchgeführt werden.

Graphisch läßt sich die Feinberechnung des Medians mit Hilfe der Summenhäufigkeitsfunktion durchführen. Abbildung 5.3 zeigt diese Konstruktion bzgl. der Summenhäufigkeitsfunktion von Abbildung 4.13.

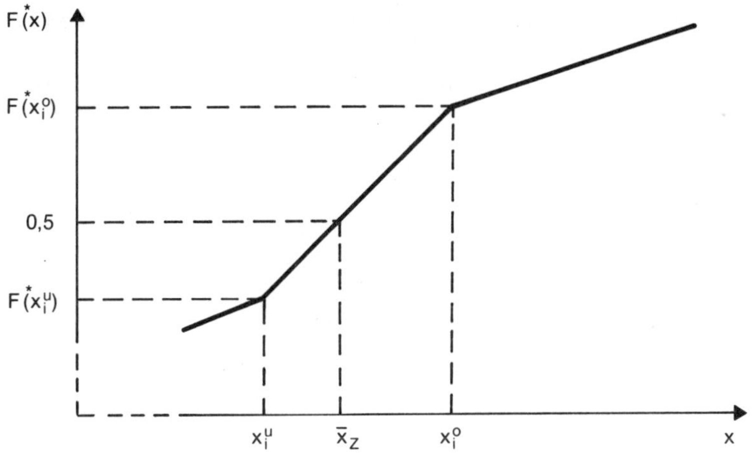

Abbildung 5.3 Graphische Ermittlung des feinberechneten Medians bei klassifizierten Daten

Mit Hilfe linearer Interpolation erhält man, wenn der Median in der i-ten Klasse liegt, als Berechnungsformel für den feinberechneten Median

$$\bar{x}_Z = x_i^u + \frac{0{,}5 - F(x_i^u)}{F(x_i^o) - F(x_i^u)} (x_i^o - x_i^u).$$

Der Median besitzt drei charakteristische Eigenschaften, auf die nachfolgend kurz eingegangen wird.

1. **Höchstens die Hälfte** der statistischen Einheiten hat **echt kleinere** und **höchstens die Hälfte** der statistischen Einheiten hat **echt größere** Merkmalswerte als der Median.
2. Liegen die Merkmalswerte als Zahlen vor, so hat die **Summe der absoluten Abweichungen** von einer beliebigen Zahl c, d. h. der Ausdruck $\sum_{i=1}^{n} |a_i - c|$, **ein Minimum,** wenn man die Abweichungen bzgl. des Medians bildet.
3. Der Median ist **unempfindlich gegenüber Ausreißern,** d. h. extreme Merkmalswerte haben keinen wesentlichen Einfluß auf den Median.

Häufig möchte man nicht die Mitte einer Verteilung fixieren, sondern andere Positionen. Dies führt zum Begriff der **Quantile** $\bar{x}_{(p/q)}$ (p, q natürliche Zahlen, $q \geq 2$, $p = 1, 2, \ldots, q-1$). Der Quantil $\bar{x}_{(p/q)}$ hat die Eigenschaft, daß höchstens $n \cdot \frac{p}{q}$ statistische Einheiten echt kleinere und höchstens $n \cdot \left(1 - \frac{p}{q}\right)$ statistische Einheiten echt größere Merkmalswerte haben, d. h. der Quantil teilt die aufsteigend geordnete Reihe der Merkmalswerte im Verhältnis p/q zu $1-p/q$. Die Quantile zu $q=4$, 10 und 100 heißen **Quartile, Dezile** bzw. **Percentile.** Der Median $\bar{x}_Z$ und der Quantil $\bar{x}_{(1/2)}$ sind identisch.

5.3.3 Arithmetisches Mittel

Das **arithmetische Mittel** $\bar{x}$ ist der am meisten verwendete Lageparameter. Er ist gewöhnlich gemeint, wenn im allgemeinen Sprachgebrauch von Mittelwert oder Durchschnitt die Rede ist. Das arithmetische Mittel sollte nur für mindestens intervallskalierte Merkmale berechnet werden.

1. Geht man von den Merkmalswerten einer Urliste aus, so ist das arithmetische Mittel als

$$\bar{x} = \frac{1}{n} \sum_{i=1}^{n} a_i$$

definiert.

2. Geht man von einer Häufigkeitstabelle aus, so ergibt sich für das arithmetische Mittel

$$\bar{x} = \frac{1}{n} \sum_{i=1}^{k} h_i x_i = \sum_{i=1}^{k} f_i x_i.$$

Da die einzelnen Merkmalsausprägungen mit den absoluten bzw. relativen Häufigkeiten gewichtet oder gewogen werden, spricht man hier auch vom **gewogenen arithmetischen Mittel.**

3. Bei klassifizierten Häufigkeitsverteilungen repräsentiert die Klassenmitte die gesamte Klasse. Es ergibt sich demnach als Näherungswert für das arithmetische Mittel

$$\bar{x} = \frac{1}{n} \sum_{i=1}^{k} h_i^* x_i^* = \sum_{i=1}^{k} f_i^* x_i^*.$$

Beispiel 5.4

a) Der Durchmesser (in mm) von 5 Schrauben beträgt 18, 17, 20, 18, 19. Als arithmetisches Mittel erhält man daraus

$$\bar{x} = \tfrac{1}{5}\,(18 + 17 + 20 + 18 + 19) = 18{,}40.$$

b) Als arithmetisches Mittel der in Abbildung 5.1 dargestellten Häufigkeitsverteilung erhält man

$$\bar{x} = \tfrac{1}{30}\,(9 \cdot 0 + 6 \cdot 5 + 6 \cdot 8 + 6 \cdot 10 + 3 \cdot 20) = 6{,}60.$$

Das arithmetische Mittel besitzt vier charakteristische Eigenschaften, auf die nachfolgend kurz eingegangen wird.

1. Die **Summe der Abweichungen** der Merkmalswerte vom arithmetischen Mittel ist stets **Null,** d. h. $\sum_{i=1}^{n} (a_i - \bar{x}) = 0$.

2. Werden die Merkmalswerte $a_1, a_2, \ldots, a_n$ einer **linearen Transformation** $a_i^* = ma_i + t$ unterworfen (z. B. Umrechnung von einer Temperaturskala in eine andere), wobei t und $m \neq 0$ beliebige Zahlen sein können, so gilt für das arithmetische Mittel $\bar{x}^*$ der transformierten Werte $\bar{x}^* = m\bar{x} + t$, d. h. das arithmetische Mittel unterliegt der gleichen Transformation wie die Merkmalswerte.

3. Die **Summe der quadratischen Abweichungen** von einer beliebigen Zahl c, d. h. der Ausdruck $\sum_{i=1}^{n} (a_i - c)^2$, hat ein **Minimum,** wenn man die Abweichungen bzgl. des arithmetischen Mittels bildet. Diese Eigenschaft heißt **Minimumeigenschaft** des arithmetischen Mittels.

4. Das arithmetische Mittel ist **empfindlich gegenüber Ausreißern,** d. h. extreme Merkmalswerte können die Aussagekraft des arithmetischen Mittels erheblich einschränken.

Im folgenden Beispiel ist das arithmetische Mittel kein aussagekräftiger Mittelwert.

Beispiel 5.5

In einer Gruppe von zehn Personen beziehen neun Personen ein Jahreseinkommen von je 20 000 DM und eine Person ein Jahreseinkommen von 200 000 DM. Das arithmetische Mittel $\bar{x} = 38\,000$ DM ist zur Charakterisierung des durchschnittlichen Jahreseinkommens dieser Personengruppe wenig geeignet.

Allgemein kann man sagen, daß das arithmetische Mittel zur Charakterisierung des Durchschnitts einer Verteilung um so weniger geeignet ist, je stärker die Verteilung von den Eigenschaften eingipflig und symmetrisch abweicht.

5.3.4 Geometrisches Mittel

Das **geometrische Mittel** $\bar{x}_G$ ist nur für mindestens verhältnisskalierte Merkmale mit nur positiven Merkmalsausprägungen sinnvoll.

1. Geht man von den Merkmalswerten einer Urliste aus, so ist das geometrische Mittel als

$$\bar{x}_G = \sqrt[n]{a_1 \cdot a_2 \cdots a_n}$$

definiert.

2. Geht man von einer Häufigkeitstabelle aus, so ergibt sich für das geometrische Mittel

$$\bar{x}_G = \sqrt[n]{x_1^{h_1} \cdot x_2^{h_2} \cdots x_k^{h_k}}.$$

Da die einzelnen Merkmalsausprägungen mit den absoluten Häufigkeiten gewichtet oder gewogen werden, spricht man hier auch vom **gewogenen geometrischen Mittel.**

Das folgende Beispiel zeigt die typische Struktur von Aufgaben, bei denen das geometrische Mittel $\bar{x}_G$ den sachlich richtigen Mittelwert darstellt.

Beispiel 5.6

In den vier Quartalen eines Jahres stieg der Umsatz eines Unternehmens um 5 % bzw. 2 % bzw. 6 % bzw. 8 %. Dabei beziehen sich die Umsatzsteigerungen jeweils auf den Umsatz des vorhergehenden Quartals. Unter der durchschnittlichen Zuwachsrate p der Quartalsumsätze versteht man nun die für alle Quartale gleiche Zuwachsrate, die zum gleichen Jahresumsatz geführt hätte.

Im folgenden werden die Umsätze der vier Quartale mit U_1, U_2, U_3, U_4 und der Umsatz des letzten Quartals des vergangenen Jahres mit U_o bezeichnet.

1. Quartal: $U_1 = U_o(1+0{,}05)$
2. Quartal: $U_2 = U_1(1+0{,}02) = U_o(1+0{,}05) \cdot (1+0{,}02)$
3. Quartal: $U_3 = U_2(1+0{,}06) = U_o(1+0{,}05) \cdot (1+0{,}02) \cdot (1+0{,}06)$
4. Quartal: $U_4 = U_3(1+0{,}08) = U_o(1+0{,}05) \cdot (1+0{,}02) \cdot (1+0{,}06) \cdot (1+0{,}08)$

Für die durchschnittliche Zuwachsrate p gilt:

$$U_4 = U_o(1+p)^4$$

Durch Gleichsetzen der Jahresumsätze erhält man nach einer elementaren Umrechnung die Beziehung

$$(1+p) = \sqrt[4]{(1+0{,}05) \cdot (1+0{,}02) \cdot (1+0{,}06) \cdot (1+0{,}08)} = \sqrt[4]{1{,}23} = 1{,}05$$

Der durchschnittliche **Wachstumsfaktor** $1+p$ (nicht die durchschnittliche Zuwachsrate p) ist also das geometrische Mittel der einzelnen Wachstumsfaktoren $1+p_i$.

Allgemein kann man sagen, daß das geometrische Mittel immer dann der sachlich richtige Durchschnittswert ist, wenn es sich um **Wachstumsvorgänge** handelt, wie z. B. Verzinsung eines Kapitals, Bevölkerungswachstum, Wachstumsentwicklung betriebswirtschaftlicher und volkswirtschaftlicher Größen.

5.3.5 Harmonisches Mittel

Das **harmonische Mittel** $\bar{x}_H$ ist nur für mindestens verhältnisskalierte Merkmale mit nur positiven Merkmalsausprägungen sinnvoll.

1. Geht man von den Merkmalswerten einer Urliste aus, so ist das harmonische Mittel als

$$\bar{x}_H = \frac{n}{\sum_{i=1}^{n} \frac{1}{a_i}}$$

definiert.

2. Geht man von einer Häufigkeitstabelle aus, so ergibt sich für das harmonische Mittel

$$\bar{x}_H = \frac{n}{\sum_{i=1}^{k} \frac{h_i}{x_i}}$$

Da die einzelnen Merkmalsausprägungen mit den absoluten Häufigkeiten gewichtet oder gewogen werden, spricht man hier auch vom **gewogenen harmonischen Mittel.**

Am häufigsten wird das harmonische Mittel zur Ermittlung von Durchschnittsgeschwindigkeiten angewandt.

Beispiel 5.7

Ein Pkw legt die vier gleich langen Teilstrecken einer Gesamtstrecke mit den Durchschnittsgeschwindigkeiten 40 km/h, 50 km/h, 80 km/h und 100 km/h zurück. Bei welcher Durchschnittsgeschwindigkeit bezogen auf die Gesamtstrecke würde er diese in der gleichen Zeit zurücklegen?

Setzt man v_1, v_2, v_3, v_4, v = Geschwindigkeiten,
s = Weg jeder Teilstrecke,
t_1, t_2, t_3, t_4, t = benötigte Zeiten,

so erhält man wegen

$$s = v \cdot t \text{ bzw. } t = \frac{s}{v}$$

für die Gesamtzeit t die Beziehung

$$t = t_1 + t_2 + t_3 + t_4 = \frac{s}{v_1} + \frac{s}{v_2} + \frac{s}{v_3} + \frac{s}{v_4} = \frac{4s}{v}.$$

Für die Durchschnittsgeschwindigkeit v erhält man daraus gerade das harmonische Mittel der Einzelgeschwindigkeiten. Es gilt also

$$v = \frac{4}{\frac{1}{v_1} + \frac{1}{v_2} + \frac{1}{v_3} + \frac{1}{v_4}} = \frac{4}{\frac{1}{40} + \frac{1}{50} + \frac{1}{80} + \frac{1}{100}} = 59{,}259 \text{ km/h}.$$

5.4 Streuungsparameter

Häufig reicht der Mittelwert zur Charakterisierung einer Häufigkeitsverteilung nicht aus.

Beispiel 5.8

Bei der Herstellung von Werkstücken kommt es im allgemeinen nicht nur darauf an, daß ein bestimmter Sollwert im Mittel eingehalten wird, sondern auch darauf, daß bestimmte Toleranzgrenzen nicht überschritten werden.

Beispiel 5.9

Bei der Beurteilung des Klimas einer bestimmten Region sind neben der Durchschnittstemperatur auch die Temperaturschwankungen von Bedeutung.

Der Mittelwert wird häufig durch einen Streuungsparameter ergänzt, der erkennen läßt, ob sich die Merkmalswerte eng um den Mittelwert konzentrieren oder mehr oder weniger stark streuen.

5.4.1 Spannweite

Die **Spannweite** w ist der einfachste Streuungsparameter für mindestens ordinalskalierte Merkmale. Sie ist definiert als die Differenz zwischen dem größten und dem kleinsten vorkommenden Merkmalswert, d. h.

$$w = \max_i a_i - \min_i a_i.$$

Die Aussagekraft der Spannweite wird dadurch stark eingeschränkt, daß nur die beiden extremen Merkmalswerte berücksichtigt werden und über die Streuung der dazwischenliegenden Merkmalswerte nichts ausgesagt wird. Insbesondere untypische Extremwerte der Verteilung (sogenannte Ausreißer) verzerren die Aussagekraft der Spannweite.

Beispiel 5.10

Zu den Merkmalswerten

27, 4, 8, 3, 12, 10, 26, 6, 19, 16

gehört die Spannweite $w = 27 - 3 = 24$.

Die Spannweite ist für eine erste, schnelle Abschätzung der Streuung insbesondere deshalb geeignet, weil die übrigen Streuungsparameter mit einem zum Teil erheblichen Rechenaufwand verbunden sind.

5.4.2 Mittlere absolute Abweichung

Die **mittlere absolute Abweichung** d ist ein Streuungsparameter für mindestens intervallskalierte Merkmale, der alle Merkmalswerte einer Verteilung berücksichtigt. Die mittlere absolute Abweichung ist das arithmetische Mittel der absoluten Abweichungen der Merkmalswerte von einem Mittelwert m.

1. Geht man von den Merkmalswerten einer Urliste aus, so ist die mittlere absolute Abweichung als

   $$d = \frac{1}{n} \sum_{i=1}^{n} |a_i - m|$$

   definiert.

2. Geht man von einer Häufigkeitstabelle aus, so ergibt sich für die mittlere absolute Abweichung

   $$d = \frac{1}{n} \sum_{i=1}^{k} h_i \cdot |x_i - m| = \sum_{i=1}^{k} f_i \cdot |x_i - m|.$$

3. Bei klassifizierten Häufigkeitsverteilungen repräsentiert die Klassenmitte die gesamte Klasse. Es ergibt sich demnach als Näherungswert für die mittlere absolute Abweichung

   $$d = \frac{1}{n} \sum_{i=1}^{k} h_i^* \cdot |x_i^* - m| = \sum_{i=1}^{k} f_i^* \cdot |x_i^* - m|.$$

Meistens verwendet man als Mittelwert m, von dem man die absoluten Abweichungen bildet, den Median. Für ihn nimmt die mittlere absolute Abweichung den kleinstmöglichen Wert an (**Minimumeigenschaft** des Medians).

Beispiel 5.11

Für die Merkmalswerte

3, 7, 8, 9, 13

mit dem Median 8 beträgt die mittlere absolute Abweichung

$$d = \frac{|3-8| + |7-8| + |8-8| + |9-8| + |13-8|}{5} = \frac{5+1+0+1+5}{5} = \frac{12}{5} = 2{,}4.$$

5.4.3 Varianz- und Standardabweichung

Der wichtigste Streuungsparameter für mindestens intervallskalierte Merkmale ist die **Varianz** s^2 bzw. die positive Wurzel aus der Varianz, die **Standardabweichung** s. Die Varianz ist das **arithmetische Mittel der quadratischen Abweichungen** der Merkmalswerte vom arithmetischen Mittel.

1. Geht man von den Merkmalswerten einer Urliste aus, so ist die Varianz als

$$s^2 = \frac{1}{n} \sum_{i=1}^{n} (a_i - \bar{x})^2$$

definiert.

2. Geht man von einer Häufigkeitstabelle aus, so ergibt sich für die Varianz

$$s^2 = \frac{1}{n} \sum_{i=1}^{k} h_i (x_i - \bar{x})^2 = \sum_{i=1}^{k} f_i (x_i - \bar{x})^2.$$

3. Bei klassifizierten Häufigkeitsverteilungen repräsentiert die Klassenmitte die gesamte Klasse. Es ergibt sich demnach als Näherungswert für die Varianz

$$s^2 = \frac{1}{n} \sum_{i=1}^{k} h_i^* (x_i^* - \bar{x})^2 = \sum_{i=1}^{k} f_i^* (x_i^* - \bar{x})^2.$$

Die Varianz ist nicht so anschaulich wie die mittlere absolute Abweichung. Trotzdem hat sie wegen einer Reihe theoretischer Vorteile die mittlere absolute Abweichung weitgehend verdrängt.

Die Varianz besitzt als Dimension das Quadrat der Dimension der einzelnen Merkmalswerte. Werden z. B. die Merkmalswerte in Meter gemessen, so hat die Varianz die Dimension Quadratmeter. Die Standardabweichung hat den Vorteil, daß sie die gleiche Dimension besitzt wie die Merkmalswerte.

Für die Berechnung der Varianz ist häufig die folgende Formel, die man durch eine einfache Umformung erhält, günstiger:

$$s^2 = \frac{1}{n} \sum_{i=1}^{n} a_i^2 - \bar{x}^2 \text{ bzw. } s^2 = \frac{1}{n} \sum_{i=1}^{k} h_i x_i^2 - \bar{x}^2 = \sum_{i=1}^{k} f_i x_i^2 - \bar{x}^2$$

Beispiel 5.12

Für die im Beispiel 5.4 angegebene Verteilung des Merkmals Durchmesser erhält man für die Varianz

$$s^2 = \frac{1}{5} (18^2 + 17^2 + 20^2 + 18^2 + 19^2) - 18{,}4^2 = 339{,}6 - 338{,}56 = 1{,}04.$$

Als Standardabweichung ergibt sich s = 1,02.

Die Varianz besitzt zwei Eigenschaften, auf die nachfolgend kurz eingegangen wird.

1. Werden die Merkmalswerte $a_1, a_2, \ldots, a_n$ einer **linearen Transformation** $a_i^* = ma_i + t$ unterworfen, wobei t und $m \neq 0$ beliebige Zahlen sein können, so gilt für die Varianz s^{*2} der transformierten Werte $s^{*2} = m^2 s^2$. Für den wichtigen Spezialfall $m = 1$ gilt insbesondere $s^{*2} = s^2$, d. h. die Varianz bleibt unverändert, wenn man die Merkmalswerte um einen bestimmten Wert vergrößert oder verkleinert.

2. Das arithmetische Mittel der quadratischen Abweichungen der Merkmalswerte von einem beliebigen Wert wird minimal, wenn man die Abweichungen bzgl. des arithmetischen Mittels bildet. Diese Eigenschaft der Varianz wurde im Abschnitt 5.3.3 als **Minimumeigenschaft** des arithmetischen Mittels bezeichnet.

5.4.4 Variationskoeffizient

Der **Variationskoeffizient** v ist ein sogenannter **relativer Streuungsparameter** und wird als Quotient aus Standardabweichung und arithmetischem Mittel definiert, d. h.

$$v = \frac{s}{\bar{x}} \text{ bzw. } v = \frac{s}{\bar{x}} \cdot 100\,\%.$$

Die Berechnung des Variationskoeffizienten ist nur für mindestens verhältnisskalierte Merkmale sinnvoll.

Da beim Variationskoeffizienten Standardabweichung und arithmetisches Mittel die gleiche Dimension haben, ergibt sich eine **dimensionslose Zahl.**

Die Aussagekraft des Variationskoeffizienten wird durch zwei Beispiele verdeutlicht.

Beispiel 5.13

Die Arbeiter eines Unternehmens verdienen 12,20 DM/Std. und die Arbeiterinnen nur 8,40 DM/Std. Die Standardabweichungen betragen bei den Männern 1,80 DM/Std. und bei den Frauen 1,30 DM/Std. Daraus könnte man schließen, daß die Löhne der Männer stärker streuen als die Löhne der Frauen. Die Bewertung der Standardabweichungen ist aber vom Lohnniveau abhängig. Dieser Einfluß läßt sich durch den Variationskoeffizienten ausschalten. Es ergibt sich für die Männer

$$v_M = \frac{s_M}{\bar{x}_M} = \frac{1{,}80}{12{,}20} = 0{,}148$$

und für die Frauen

$$v_F = \frac{s_F}{\bar{x}_F} = \frac{1{,}30}{8{,}40} = 0{,}155.$$

Bei den Männern ist also die relative Streuung geringer als bei den Frauen.

Beispiel 5.14

Interessiert man sich dafür, ob die sportlichen Leistungen eines Weitspringers oder eines Kurzstreckenläufers gleichmäßiger sind, so sind die Standardabweichungen wegen der unterschiedlichen Dimensionen völlig ungeeignet. Vergleichbare Werte bekommt man durch die dimensionalen Variationskoeffizienten.

Variationskoeffizienten sollte man nur für Merkmale berechnen, die nur positive Merkmalsausprägungen annehmen können. Andernfalls kann der Variationskoeffizient unsinnige oder verzerrte Werte annehmen oder sogar nicht definiert sein (arithmetisches Mittel Null!).

5.5 Momente und Schiefe

Die **Momente** stellen eine Verallgemeinerung des arithmetischen Mittels bzw. der Varianz dar. Man unterscheidet zwischen Momente um den Nullpunkt und Momente um das arithmetische Mittel.

1. Geht man von den Merkmalswerten einer Urliste aus, so ist das r-te Moment (r = 1, 2, 3, ...) um den Nullpunkt als

   $$m_r(0) = \frac{1}{n} \sum_{i=1}^{n} a_i^r$$

   definiert und das r-te Moment um das arithmetische Mittel als

   $$m_r(\bar{x}) = \frac{1}{n} \sum_{i=1}^{n} (a_i - \bar{x})^r$$

   definiert.

2. Geht man von einer Häufigkeitstabelle aus, so ergibt sich für das r-te Moment um den Nullpunkt

   $$m_r(0) = \frac{1}{n} \sum_{i=1}^{k} h_i x_i^r = \sum_{i=1}^{k} f_i x_i^r$$

   und für das r-te Moment um das arithmetische Mittel

   $$m_r(\bar{x}) = \frac{1}{n} \sum_{i=1}^{k} h_i (x_i - \bar{x})^r = \sum_{i=1}^{k} f_i (x_i - \bar{x})^r.$$

3. Bei klassifizierten Häufigkeitsverteilungen repräsentiert die Klassenmitte die gesamte Klasse. Es ergibt sich demnach als Näherungswert für das r-te Moment um den Nullpunkt

   $$m_r(0) = \frac{1}{n} \sum_{i=1}^{k} h_i^* x_i^{*r} = \sum_{i=1}^{k} f_i^* x_i^{*r}$$

und für das r-te Moment um das arithmetische Mittel

$$m_r(\bar{x}) = \frac{1}{n} \sum_{i=1}^{k} h_i^*(x_i^* - \bar{x})^r = \sum_{i=1}^{k} f_i^*(x_i^* - \bar{x})^r.$$

Wie man unmittelbar sieht, gilt

$$m_1(0) = \bar{x},\ m_1(\bar{x}) = 0 \text{ und } m_2(\bar{x}) = s^2.$$

Eine wichtige Bedeutung hat das dritte Moment um das arithmetische Mittel. Es wird als Maßzahl für die **Schiefe** einer Häufigkeitsverteilung verwendet. Die Schiefe gibt an, wie stark diese Häufigkeitsverteilung von der Symmetrie abweicht. Das Vorzeichen der Schiefe gibt an, ob es sich um eine links schiefe (negatives Vorzeichen) oder um eine rechts schiefe (positives Vorzeichen) Häufigkeitsverteilung handelt.

5.6 Konzentrationsmaße

5.6.1 Begriff der Konzentration

Unter **Konzentration** versteht man in der Umgangssprache die Zusammenballung irgendwelcher Größen. In diesem Sinne spricht man z. B. von Unternehmenskonzentration, von Einkommenskonzentration oder Bevölkerungskonzentration. Im Prinzip geht es dabei um die Aufteilung der sogenannten **Merkmalssumme** eines sogenannten **Konzentrationsmerkmals** auf die einzelnen statistischen Einheiten.

Dieser zunächst noch etwas unscharfe Begriff der Konzentration wird im folgenden präzisiert und quantifizierbar gemacht.

Unter einem Konzentrationsmerkmal versteht man ein Merkmal, bei dem die Bildung der Merkmalssumme möglich und sinnvoll ist. Dabei versteht man unter der Merkmalssumme die Summe der Merkmalswerte sämtlicher statistischer Einheiten der betrachteten statistischen Masse.

Beispiel 5.15

a) Das Einkommen der Haushalte in der Bundesrepublik ist ein Konzentrationsmerkmal. Es ist sinnvoll, die Summe der Einkommen aller Haushalte in der Bundesrepublik zu bilden.
b) Der Umsatz der Unternehmen in der Bundesrepublik ist ein Konzentrationsmerkmal. Es ist sinnvoll, die Summe der Umsätze aller Unternehmen in der Bundesrepublik zu bilden.
c) Der Familienstand der Bürger der Bundesrepublik ist kein Konzentrationsmerkmal. Eine Summenbildung der entsprechenden Merkmalswerte ist nicht möglich.
d) Die Körpergröße der Bürger der Bundesrepublik ist kein Konzentrationsmerkmal. Es ist zwar möglich, aber nicht sinnvoll, die Summe der entsprechenden Merkmalswerte zu bilden.

5.6.2 Lorenzkurve

Im ersten Quadranten eines Koordinatensystems trägt man auf der Abszisse die relativen Summenhäufigkeiten F_i bzgl. der Häufigkeitsverteilung des Konzentrationsmerkmals und auf der Ordinate die kumulierten relativen Merkmalswerte S_i ab. Verbindet man die Punkte mit den Koordinaten (F_i, S_i) miteinander entweder geradlinig zu einem Streckenzug oder zu einer geglätteten Kurve, so erhält man die sogenannte **Lorenzkurve.**

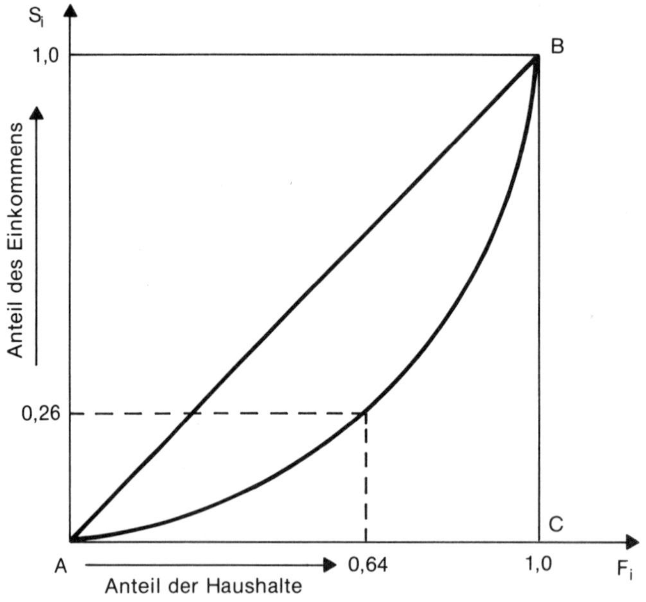

Abbildung 5.4 Lorenzkurve für die Haushaltseinkommen

Verteilt sich das Einkommen völlig gleich auf alle Haushalte, so nimmt die Lorenzkurve die Form der Geraden AB an. Dies bedeutet, daß 10 % der Haushalte 10 % des gesamten Einkommens, 20 % der Haushalte 20 % des gesamten Einkommens usw. erhalten. Eine völlige Konzentration ist dann gegeben, wenn die Lorenzkurve der Strecke ACB folgt. Dies bedeutet, daß das gesamte Einkommen nur von einem Haushalt erzielt wird.

Neben den beiden dargestellten Extremfällen kommt als Lorenzkurve jede konvexe Verbindung der Punkte A und B in Frage.

Aus Abbildung 5.4 ist ersichtlich, wie die Punkte der Lorenzkurve zu interpretieren sind. So erhalten 64 % der Haushalte nur 26 % des Gesamteinkommens aller Haushalte.

Durch Ergänzung der Häufigkeitstabelle erhält man eine Arbeitstabelle zur Berechnung der Lorenzkurve.

Beispiel 5.16

Die folgende Arbeitstabelle dient der Ermittlung der Lorenzkurve für die Einkommensverteilung (Bruttojahreseinkommen in DM) von 100 ausgewählten Erwerbstätigen (die Zahlen sind aus rechentechnischen Gründen stark vereinfacht).

Nr. i	Bruttojahres-einkommen x_i (in DM)	h_i	$h_i x_i$	f_i	$\sum_{j=1}^{i} h_j x_j$	F_i	S_i
1	15 000	25	375 000	0,25	375 000	0,25	0,15
2	20 000	30	600 000	0,30	975 000	0,55	0,39
3	25 000	25	625 000	0,25	1 600 000	0,80	0,64
4	40 000	10	400 000	0,10	2 000 000	0,90	0,80
5	50 000	10	500 000	0,10	2 500 000	1,00	1,00
	Σ	100	2 500 000	1,00			

Abbildung 5.5 Arbeitstabelle zur Ermittlung der Lorenzkurve zu Beispiel 5.16

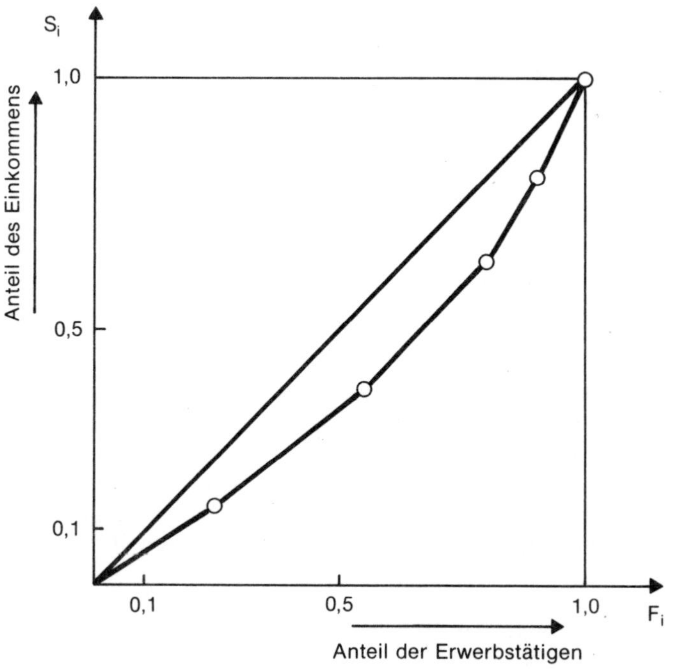

Abbildung 5.6 Lorenzkurve zu Beispiel 5.16

5.6.3 Konzentrationsfläche und Gini-Koeffizient

Als **Konzentrationsfläche** bezeichnet man die zwischen der Lorenzkurve und der Geraden AB liegende Fläche.

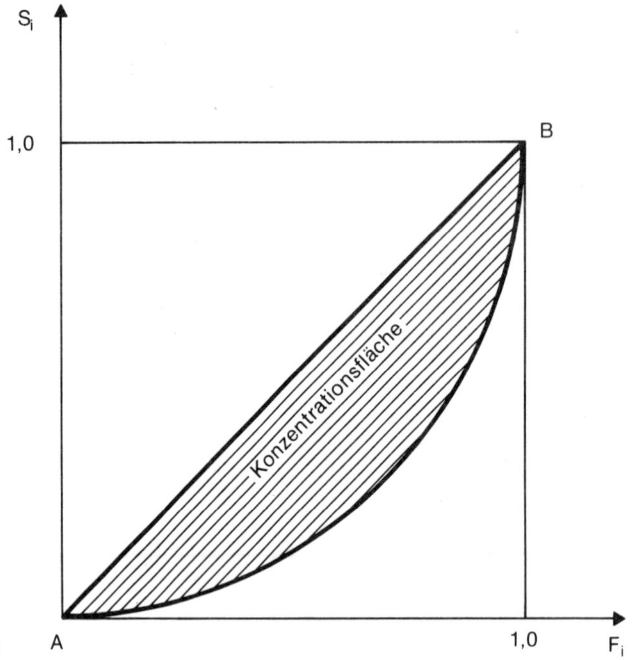

Abbildung 5.7 Konzentrationsfläche der Lorenzkurve

Je größer die Konzentrationsfläche ist, desto größer ist auch die Konzentration. Bei völlig gleicher Verteilung der Merkmalssumme ist die Konzentrationsfläche gleich 0, bei maximaler Konzentration gleich $\frac{1}{2}$.

Der Quotient aus der Konzentrationsfläche und der Fläche bei maximaler Konzentration heißt **Gini-Koeffizient** G. Er läßt sich mit Hilfe der Formel

$$G = 1 - \sum_{i=1}^{k} f_i (S_i + S_{i-1}) \text{ mit } S_o = 0$$

berechnen. Für den Gini-Koeffizienten gilt stets $0 \leq G \leq 1$.

Beispiel 5.17

Für den Gini-Koeffizienten der Lorenzkurve in Abbildung 5.6 erhält man:

$G = 1 - (0{,}25 \cdot (0{,}15 + 0{,}00) + 0{,}30 \cdot (0{,}39 + 0{,}15) + 0{,}25 \cdot (0{,}64 + 0{,}39) + 0{,}10 \cdot (0{,}80 + 0{,}64) + 0{,}10 \cdot (1{,}00 + 0{,}80)) = 1 - (0{,}25 \cdot 0{,}15 + 0{,}30 \cdot 0{,}54 + 0{,}25 \cdot 1{,}03 + 0{,}10 \cdot 1{,}44 + 0{,}10 \cdot 1{,}80) = 1 - 0{,}781 = 0{,}219$

Aufgaben und Kontrollfragen

1. Berechnen Sie den Modus, den Median und das arithmetische Mittel bzgl. der in Abbildung 4.3 dargestellten Häufigkeitsverteilung.

2. Berechnen Sie die Spannweite, die mittlere absolute Abweichung (bezogen auf den Median), die Varianz und die Standardabweichung bzgl. der in Abbildung 4.3 dargestellten Häufigkeitsverteilung.

3. Berechnen Sie den feinberechneten Median bzgl. der in Abbildung 4.11 dargestellten klassifizierten Häufigkeitsverteilung mit Hilfe der in Abschnitt 5.3.2 angegebenen Formel.

4. Die jährliche Zuwachsrate der Erdbevölkerung entwickelte sich in 5 Jahren wie folgt:

Jahr Nr.	Zuwachsrate in Prozent
1	2
2	3
3	3
4	5
5	4

Wie groß ist die durchschnittliche jährliche Zuwachsrate für den gesamten Zeitraum?

5. Für eine Stange Zigaretten werden auf verschiedenen Flughäfen folgende Preise in DM und in US-Dollar verlangt:

Flughafen	1	2	3	4	5	6
Preise in DM	8,00	8,40	7,60	7,80	8,00	8,20
Preise in US-Dollar	4,00	4,20	3,80	3,90	4,00	4,10

Berechnen Sie das arithmetische Mittel, die Standardabweichung und den Variationskoeffizienten der Preise bzgl. beider Währungen und interpretieren Sie das Ergebnis.

6. Charakterisieren Sie kurz die in Abschnitt 4.6 behandelten Verteilungsformen mit Hilfe der statistischen Maßzahlen.

7. Begründen Sie kurz, warum die mittlere absolute Abweichung im allgemeinen dem Median und die Standardabweichung im allgemeinen dem arithmetischen Mittel als Streuungsparameter zugeordnet wird.

8. Berechnen Sie die Schiefe bzgl. der in Abbildung 4.3 dargestellten Häufigkeitsverteilung und interpretieren Sie das Ergebnis.

9. Zeichnen Sie die Lorenzkurve bzgl. der in Abbildung 5.1 dargestellten Häufigkeitsverteilung und berechnen Sie den Gini-Koeffizienten.

6 Zweidimensionale Häufigkeitsverteilungen

6.1 Lernziele

Wenn Sie dieses Kapitel durchgearbeitet haben, sollten Sie

- die Urliste bzgl. zweier quantitativer Merkmale als Streuungsdiagramm in der Merkmalsebene darstellen können;
- die gemeinsame Verteilung zweier Merkmale in Form einer zweidimensionalen Häufigkeitstabelle darstellen können;
- wissen, was man unter den Randverteilungen versteht und wie man eine zweidimensionale Häufigkeitstabelle um die Randverteilungen ergänzt;
- wissen, was man unter bedingten Verteilungen versteht und wie man sie mit Hilfe einer zweidimensionalen Häufigkeitstabelle ermittelt;
- die allgemeine Darstellung zweidimensionaler Häufigkeitstabellen kennen und die darin verwendeten Symbole definieren können;
- wissen, daß für Randverteilungen und bedingte Verteilungen alle Darstellungsmöglichkeiten und Analyseverfahren eindimensionaler Häufigkeitsverteilungen Anwendung finden können;
- beurteilen können, ob die beiden in einer zweidimensionalen Häufigkeitstabelle dargestellten Merkmale abhängig oder unabhängig sind.

6.2 Darstellung zweidimensionaler Häufigkeitsverteilungen

In den beiden vorhergehenden Kapiteln wurden die Darstellung und Analyse der Häufigkeitsverteilung eines Merkmals behandelt. Bei vielen statistischen Untersuchungen interessiert man sich jedoch gleichzeitig für zwei oder noch mehr Merkmale. In diesem und dem nächsten Kapitel werden Möglichkeiten der Darstellung und Analyse zweier Merkmale behandelt.

Beispiel 6.1

Beispiele für die gemeinsame Erfassung mehrerer Merkmale sind:

a) Bei Volkszählungen werden bei den befragten Personen Angaben über Geschlecht, Alter, Beruf, Religionszugehörigkeit usw. erfaßt.

b) Bei der Untersuchung des Bremsverhaltens von Kraftfahrzeugen werden unter anderem die Geschwindigkeit und die Länge des Bremsweges erfaßt.

c) Bei der Analyse von Unternehmen werden unter anderem der Jahresumsatz, der Jahresgewinn und die Beschäftigtenzahl erfaßt.

d) Bei der gesundheitlichen Beurteilung von Patienten werden unter anderem der Blutdruck, das Körpergewicht und der Blutfettgehalt erfaßt.

Die Vorgehensweise bei der Erfassung und Darstellung von Daten bei Merkmalspaaren wird an Hand einiger Beispiele erläutert.

Beispiel 6.2

Die Ergebnisse der Messungen von Körperlänge und Körpergewicht an 24 Schülerinnen einer Altersklasse sind in der folgenden Urliste eingetragen.

Nr. i	Körperlänge x_i (in cm)	Körpergewicht y_i (in kg)	Nr. i	Körperlänge x_i (in cm)	Körpergewicht y_i (in kg)
1	162	50	13	168	52
2	155	49	14	164	65
3	172	68	15	163	55
4	163	45	16	164	52
5	163	50	17	160	50
6	166	49	18	170	53
7	168	58	19	163	57
8	170	61	20	159	50
9	159	52	21	168	58,5
10	155	47	22	168	67
11	172	61	23	157	47
12	169	55	24	163	47

Abbildung 6.1 Urliste zu Beispiel 6.2

Das Datenmaterial der Urliste läßt sich in einem rechtwinkligen Koordinatensystem — der sogenannten **Merkmalsebene** — veranschaulichen. Dazu trägt man auf der Abszisse die Merkmalsausprägungen des Merkmals X und auf der

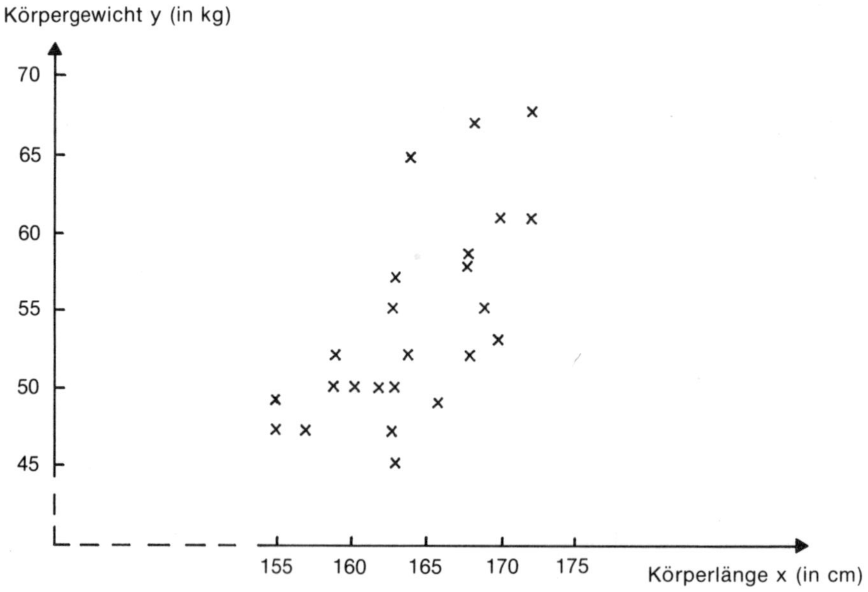

Abbildung 6.2 Streuungsdiagramm in der Merkmalsebene zu Beispiel 6.2

Ordinate die Merkmalsausprägungen des Merkmals Y ab. Die statistische Einheit mit der Nummer i liefert das Wertepaar (x_i, y_i), das man als Punkt der Merkmalsebene darstellen kann. Auf diese Weise erhält man aus der Urliste das sogenannte **Streuungsdiagramm** in der Merkmalsebene.

Die **absoluten** und **relativen Häufigkeiten** lassen sich bei Merkmalspaaren analog wie bei einem Merkmal definieren. Hat das Merkmal X die m Merkmalsausprägungen $x_1, x_2, \ldots, x_m$ und das Merkmal Y die r Merkmalsausprägungen $y_1, y_2, \ldots, y_r$, so bezeichnet man die Anzahl h_{ij} $(i = 1, 2, \ldots, m; j = 1, 2, \ldots, r)$ der statistischen Einheiten mit den Merkmalswerten x_i und y_j als absolute Häufigkeit des Merkmalsausprägungspaares (x_i, y_j). Dividiert man die absoluten Häufigkeiten h_{ij} durch die Anzahl n der statistischen Einheiten, so erhält man die relativen Häufigkeiten $f_{ij} = \frac{h_{ij}}{n}$ des Merkmalsausprägungspaares (x_i, y_j).

Für die absoluten Häufigkeiten h_{ij} bzw. für die relativen Häufigkeiten f_{ij} gilt

$$0 \leq h_{ij} \leq n; \; 0 \leq f_{ij} \leq 1 \; (i = 1, 2, \ldots, m; j = 1, 2, \ldots, r)$$

$$\sum_{j=1}^{r} \sum_{i=1}^{m} h_{ij} = n; \; \sum_{j=1}^{r} \sum_{i=1}^{m} f_{ij} = 1.$$

Unter der **Häufigkeitsverteilung zweier Merkmale** versteht man die Merkmalsausprägungspaare mit ihren absoluten bzw. relativen Häufigkeiten. Zur tabellarischen Darstellung einer Häufigkeitsverteilung zweier Merkmale bedient man sich einer **zweidimensionalen Häufigkeitstabelle.**

Beispiel 6.3

Die beiden folgenden Häufigkeitstabellen enthalten das Ergebnis einer Klausur von 100 Teilnehmern aufgeschlüsselt nach den Merkmalen *Geschlecht* und *Note.*

Geschlecht \ Note	1	2	3	4	5	6
männlich	5	10	12	14	12	7
weiblich	3	8	10	10	8	1

Geschlecht \ Note	1	2	3	4	5	6
männlich	0,05	0,10	0,12	0,14	0,12	0,07
weiblich	0,03	0,08	0,10	0,10	0,08	0,01

Abbildung 6.3 Zweidimensionale Häufigkeitstabellen für absolute und relative Häufigkeiten zu Beispiel 6.3

Die zweidimensionale Häufigkeitstabelle zweier quantitativer Merkmale wird **Korrelationstabelle** und zweier qualitativer Merkmale wird **Kontingenztabelle** genannt.

Zur graphischen Darstellung zweidimensionaler Häufigkeitsverteilungen benötigt man drei Dimensionen. Den flächenproportionalen Darstellungen eines quantitativen Merkmals entspricht bei zwei quantitativen Merkmalen eine **volumenproportionale Darstellung.** Einer zweidimensionalen Häufigkeitsverteilung entspricht ein dreidimensionales Gebilde, das man im allgemeinen perspektivisch darstellt.

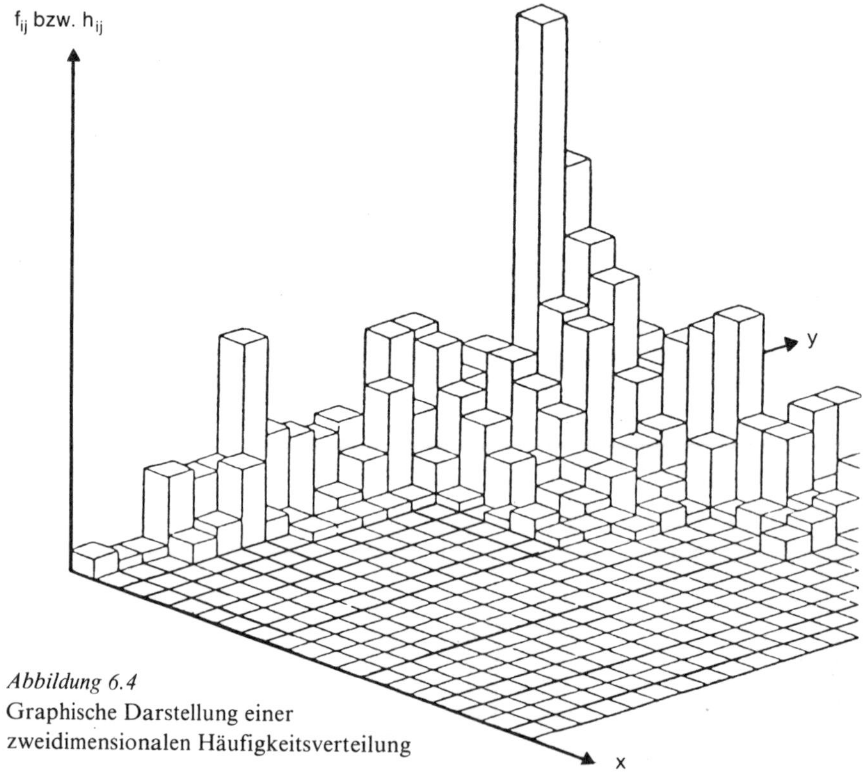

Abbildung 6.4
Graphische Darstellung einer zweidimensionalen Häufigkeitsverteilung

Bei zweidimensionalen Häufigkeitsverteilungen besteht wegen der größeren Vielfalt der Merkmalsausprägungspaare noch stärker als bei eindimensionalen Häufigkeitsverteilungen die Notwendigkeit, die Übersichtlichkeit durch eine Klasseneinteilung zu erhöhen.

Beispiel 6.4

Aus der Urliste zu Beispiel 6.2 läßt sich die folgende klassifizierte zweidimensionale Häufigkeitstabelle bilden.

Körpergewicht (in kg) / Körperlänge (in cm)	$45 \leq y < 50$	$50 \leq y < 55$	$55 \leq y < 60$	$60 \leq y < 65$	$65 \leq y < 70$
$155 \leq x < 160$	3	2	0	0	0
$160 \leq x < 165$	2	4	2	0	1
$165 \leq x < 170$	1	1	3	0	1
$170 \leq x < 175$	0	1	0	2	1

Abbildung 6.5 Klassifizierte zweidimensionale Häufigkeitstabelle zu Beispiel 6.2

Die Ausführungen zur Klasseneinteilung bei eindimensionalen Häufigkeitsverteilungen lassen sich leicht im Hinblick auf die Klasseneinteilung bei zweidimensionalen Häufigkeitsverteilungen verallgemeinern.

Analog der Summenhäufigkeitsfunktion $F(x)$ und der Summenhäufigkeitsfunktion bei Klasseneinteilung $F^*(x)$ bei eindimensionalen Verteilungen lassen sich bei zweidimensionalen Verteilungen die zweidimensionale Summenhäufigkeitsfunktion $F(x, y)$ und die zweidimensionale Summenhäufigkeitsfunktion bei Klasseneinteilung $F^*(x, y)$ bilden. Es wird diesbezüglich auf weiterführende Literatur verwiesen.

6.3 Randverteilungen und bedingte Verteilungen

Hat man die gemeinsame Verteilung zweier Merkmale in Form einer zweidimensionalen Häufigkeitstabelle vorliegen, so kann man daraus leicht die eindimensionalen Verteilungen jedes der beiden Merkmale gewinnen. Man erhält diese, indem man in der zweidimensionalen Häufigkeitstabelle die Zeilen- bzw. Spaltensummen bildet. Man nennt die beiden eindimensionalen Häufigkeitsverteilungen **Randverteilungen,** da man sie im allgemeinen am rechten bzw. am unteren Rand der zweidimensionalen Häufigkeitstabelle einträgt.

Beispiel 6.5

Die Abbildung 6.6 enthält die um die Randverteilungen der Merkmale *Note* und *Geschlecht* erweiterten Häufigkeitstabellen des Beispiels 6.3.

Note / Geschlecht	1	2	3	4	5	6	Σ
männlich	5	10	12	14	12	7	60
weiblich	3	8	10	10	8	1	40
Σ	8	18	22	24	20	8	100

Note / Geschlecht	1	2	3	4	5	6	Σ
männlich	0,05	0,10	0,12	0,14	0,12	0,07	0,60
weiblich	0,03	0,08	0,10	0,10	0,08	0,01	0,40
Σ	0,08	0,18	0,22	0,24	0,20	0,08	1,00

Abbildung 6.6 Zweidimensionale Häufigkeitstabellen mit Randverteilungen zu Beispiel 6.3

In Abbildung 6.7 wird das allgemeine Schema, nach dem zweidimensionale Häufigkeitstabellen mit Randverteilungen aufgebaut sind, dargestellt.

Y / X	y_1	y_2	...	y_j	...	y_r	Σ
x_1	h_{11}	h_{12}	...	h_{1j}	...	h_{1r}	$h_{1.}$
x_2	h_{21}	h_{22}	...	h_{2j}	...	h_{2r}	$h_{2.}$
⋮	⋮	⋮		⋮		⋮	⋮
x_i	h_{i1}	h_{i2}	...	h_{ij}	...	h_{ir}	$h_{i.}$
⋮	⋮	⋮		⋮		⋮	⋮
x_m	h_{m1}	h_{m2}	...	h_{mj}	...	h_{mr}	$h_{m.}$
Σ	$h_{.1}$	$h_{.2}$	...	$h_{.j}$	...	$h_{.r}$	n

Y / X	y_1	y_2	...	y_j	...	y_r	Σ
x_1	f_{11}	f_{12}	...	f_{1j}	...	f_{1r}	$f_{1.}$
x_2	f_{21}	f_{22}	...	f_{2j}	...	f_{2r}	$f_{2.}$
⋮	⋮	⋮		⋮		⋮	⋮
x_i	f_{i1}	f_{i2}	...	f_{ij}	...	f_{ir}	$f_{i.}$
⋮	⋮	⋮		⋮		⋮	⋮
x_m	f_{m1}	f_{m2}	...	f_{mj}	...	f_{mr}	$f_{m.}$
Σ	$f_{.1}$	$f_{.2}$	...	$f_{.j}$	...	$f_{.r}$	1

Abbildung 6.7 Allgemeine Darstellung zweidimensionaler Häufigkeitstabellen für absolute und relative Häufigkeiten mit Randverteilungen

Die Abbildung 6.7 enthält für die absoluten und relativen Häufigkeiten der Randverteilungen der Merkmale X und Y die Symbole $h_{i.}$, $h_{.j}$, $f_{i.}$ und $f_{.j}$, die folgendermaßen definiert sind:

$$h_{i.} = \sum_{j=1}^{r} h_{ij}; \quad f_{i.} = \sum_{j=1}^{r} f_{ij} \quad (i = 1, 2, \ldots, m)$$

$$h_{.j} = \sum_{i=1}^{m} h_{ij}; \quad f_{.j} = \sum_{i=1}^{m} f_{ij} \quad (j = 1, 2, \ldots, r).$$

Bei zweidimensionalen Häufigkeitsverteilungen interessiert oft die Häufigkeitsverteilung des einen Merkmals für eine bestimmte Merkmalsausprägung des anderen Merkmals.

Beispiel 6.6

a) Hat man nach einer Bundestagswahl die zweidimensionale Häufigkeitsverteilung der Merkmale *Wahlentscheidung* und *Bundesland* vorliegen, so läßt sich daraus die eindimensionale Häufigkeitsverteilung des Merkmals *Wahlentscheidung* bilden, wenn man sich auf nur ein Bundesland beschränkt.

b) Liegt die Einkommensstatistik eines Unternehmens in Form einer zweidimensionalen Häufigkeitsverteilung der Merkmale *Einkommen* und *Geschlecht* vor, so läßt sich daraus die eindimensionale Häufigkeitsverteilung des Merkmals *Einkommen* bilden, wenn man sich nur auf die Männer beschränkt.

Die auf diese Weise aus zweidimensionalen Häufigkeitsverteilungen gebildeten eindimensionalen Häufigkeitsverteilungen heißen **bedingte Verteilungen.** Bei bedingten Verteilungen wird die zunächst zugrunde liegende statistische Masse dadurch eingeschränkt, daß man ein Merkmal auf eine bestimmte Merkmalsausprägung fixiert. Die bedingten Verteilungen sind in den Zeilen und Spalten der Häufigkeitstabelle beschrieben.

Beispiel 6.7

Beschränkt man sich bei den 100 Klausurteilnehmern im Beispiel 6.3 auf die 40 weiblichen Klausurteilnehmer, so entnimmt man zunächst der Abbildung 6.6 die folgende Zeile:

Note	1	2	3	4	5	6	Σ
absolute Häufigkeit	3	8	10	10	8	1	40

Daraus erhält man unmittelbar die eindimensionale Häufigkeitstabelle des Merkmals *Note* der Klausurteilnehmerinnen.

Note x_i	absolute Häufigkeit h_i	relative Häufigkeit f_i
1	3	0,075
2	8	0,200
3	10	0,250
4	10	0,250
5	8	0,200
6	1	0,025

Abbildung 6.8 Häufigkeitstabelle der bedingten Verteilung zu Beispiel 6.7

6.4 Unabhängige Merkmale

Die **Unabhängigkeit** von Merkmalen bedeutet, daß die Verteilung des einen Merkmals unabhängig davon ist, welchen Wert das andere Merkmal annimmt. Man erkennt die Unabhängigkeit daran, daß die relativen Häufigkeiten der bedingten Verteilungen eines Merkmals unabhängig vom Wert des anderen Merkmals sind.

Beispiel 6.8

Die folgende Häufigkeitstabelle enthält das Ergebnis einer Klausur von 75 Teilnehmern, aufgeschlüsselt nach den Merkmalen *Geschlecht* und *Note*.

Geschlecht \ Note	1	2	3	4	5	6
männlich	6	10	14	12	6	2
weiblich	3	5	7	6	3	1

Die absoluten Häufigkeiten der Verteilung des Merkmals *Note* der 50 männlichen Klausurteilnehmer sind das Doppelte der entsprechenden absoluten Häufigkeiten der 25 weiblichen Klausurteilnehmer. Der Notenspiegel beider Gruppen ist also gleich, d. h., die Merkmale *Note* und *Geschlecht* sind unabhängig.

Noch deutlicher erkennt man die Unabhängigkeit, wenn man die bedingten Verteilungen der relativen Häufigkeiten bildet.

Beispiel 6.9

Die beiden folgenden Tabellen enthalten die relativen Häufigkeiten der bedingten Verteilungen des Merkmals *Note* bzw. des Merkmals *Geschlecht* bzgl. der in Beispiel 6.8 angegebenen zweidimensionalen Häufigkeitsverteilung.

Geschlecht \ Note	1	2	3	4	5	6
männlich	0,12	0,20	0,28	0,24	0,12	0,04
weiblich	0,12	0,20	0,28	0,24	0,12	0,04

Geschlecht \ Note	1	2	3	4	5	6
männlich	2/3	2/3	2/3	2/3	2/3	2/3
weiblich	1/3	1/3	1/3	1/3	1/3	1/3

Die Unabhängigkeit der beiden Merkmale *Note* und *Geschlecht* äußert sich darin, daß die relativen Häufigkeiten der bedingten Verteilungen des Merkmals *Note* bzw. des Merkmals *Geschlecht* untereinander gleich sind.

Beispiel 6.10

Die folgende Tabelle enthält die relativen Häufigkeiten der bedingten Verteilungen des Merkmals *Note* bzgl. der in Beispiel 6.3 angegebenen zweidimensionalen Häufigkeitsverteilung.

Geschlecht \ Note	1	2	3	4	5	6
männlich	1/12	1/6	1/5	7/30	1/5	7/60
weiblich	3/40	1/5	1/4	1/4	1/5	1/40

Die bedingten Verteilungen sind verschieden und die Merkmale *Note* und *Geschlecht* also abhängig.

Mit der Symbolik der allgemeinen Häufigkeitstabellen in Abbildung 6.7 liegt Unabhängigkeit der Merkmale X und Y genau dann vor, wenn

$$f_{ij} = f_{i.} \cdot f_{.j} \text{ bzw. } h_{ij} = \frac{h_{i.} \cdot h_{.j}}{n} \quad (i = 1, 2, \ldots, m; j = 1, 2, \ldots, r)$$

gilt.

Anmerkung:

Es ist zu beachten, daß wegen Rundungsfehlern beim Rechnen oder wegen Ungenauigkeiten in der Datenerhebung oder wegen der Zufallsabhängigkeit der Daten eine exakte Unabhängigkeit im allgemeinen nicht zu erwarten ist.

Im 7. Kapitel wird die Problematik der Abhängigkeit von Merkmalen weiter vertieft.

6.5 Parameter zweidimensionaler Häufigkeitsverteilungen

Randverteilungen und bedingte Verteilungen sind eindimensionale Verteilungen, so daß alle im 5. Kapitel behandelten statistischen Maßzahlen eindimensionaler Häufigkeitsverteilungen verwendet werden können. Man spricht dann z. B. von **bedingten Mittelwerten** oder **bedingten Varianzen.**

Ein spezieller Parameter für die gemeinsame Verteilung zweier quantitativer Merkmale ist die **Kovarianz** COV(X, Y). Die Kovarianz ist ein Parameter für die gemeinsame Streuung beider Merkmale und zeigt bei positivem Vorzeichen eine **gleichläufige** und bei negativem Vorzeichen eine **gegenläufige Variation** der beiden Merkmale an. Bei einer gleichläufigen Variation führt die Veränderung eines Merkmals zu einer gleichgerichteten Änderung des anderen Merkmals. So geht z. B. mit der Vergrößerung der Ladenfläche von Einzelhandelsgeschäften eine Erhöhung der Anzahl der Angestellten einher. Bei einer gegenläufigen Variation führt die Veränderung eines Merkmals zu einer gegengerichteten Änderung des anderen Merkmals. So geht z. B. bei konstantem monatlichen Nettoeinkommen eine Erhöhung der Konsumquote mit einer Verringerung der Sparquote einher.

Mit den in Abbildung 6.7 verwendeten Symbolen einer zweidimensionalen Häufigkeitsverteilung erhält man folgende Formeln für die Parameter einer zweidimensionalen Häufigkeitsverteilung:

1. Arithmetisches Mittel und Varianz des Zeilenmerkmals X:

$$\bar{x} = \frac{1}{n} \sum_{i=1}^{m} h_{i.} \cdot x_i = \sum_{i=1}^{m} f_{i.} \cdot x_i$$

$$s_x^2 = \frac{1}{n} \sum_{i=1}^{m} h_{i.} (x_i - \bar{x})^2 = \sum_{i=1}^{m} f_{i.} (x_i - \bar{x})^2$$

2. Arithmetisches Mittel und Varianz des Spaltenmerkmals Y:

$$\bar{y} = \frac{1}{n} \sum_{j=1}^{r} h_{.j} \cdot y_j = \sum_{j=1}^{r} f_{.j} \cdot y_j$$

$$s_y^2 = \frac{1}{n} \sum_{j=1}^{r} h_{.j} (y_j - \bar{y})^2 = \sum_{j=1}^{r} f_{.j} (y_j - \bar{y})^2$$

3. Arithmetisches Mittel und Varianz des Zeilenmerkmals X unter der Bedingung $Y = y_j$:

$$\bar{x}_{Y=y_j} = \frac{1}{h_{.j}} \sum_{i=1}^{m} h_{ij} x_i; \quad s_{x/Y=y_j}^2 = \frac{1}{h_{.j}} \sum_{i=1}^{m} h_{ij} (x_i - \bar{x}_{Y=y_j})^2$$

4. Arithmetisches Mittel und Varianz des Spaltenmerkmals Y unter der Bedingung $X = x_i$:

$$\bar{y}_{X=x_i} = \frac{1}{h_{i.}} \sum_{j=1}^{r} h_{ij} y_j; \quad s^2_{y/X=x_i} = \frac{1}{h_{i.}} \sum_{j=1}^{r} h_{ij} (y_j - \bar{y}_{X=x_i})^2$$

5. Kovarianz der beiden Merkmale X und Y:

$$COV(X, Y) = s_{xy} = \frac{1}{n} \sum_{i=1}^{m} \sum_{j=1}^{r} h_{ij} (x_i - \bar{x})(y_j - \bar{y}) = \frac{1}{n} \sum_{i=1}^{m} \sum_{j=1}^{r} h_{ij} x_i y_j - \bar{x}\bar{y}$$

bzw.

$$COV(X, Y) = s_{xy} = \sum_{i=1}^{m} \sum_{j=1}^{r} f_{ij} (x_i - \bar{x})(y_j - \bar{y}) = \sum_{i=1}^{m} \sum_{j=1}^{r} f_{ij} x_i y_j - \bar{x}\bar{y}$$

Idealisierte Daten: $COV(X,Y) = \frac{1}{n} \sum_{i=1}^{n} x_i \cdot y_k - \bar{x}\bar{y}$ (Heft!)

Beispiel 6.11

Zur Untersuchung eines neuen Futtermittels für Schweine wurden n = 100 Testschweinen unterschiedliche tägliche Futtermengen zugeführt. Nach vier Wochen wurde die Gewichtszunahme gemessen. Das Ergebnis der Untersuchung ist in der folgenden Tabelle zusammengefaßt:

Futtermenge (in kg) \ Gewichtszunahme (in kg)	4	5	5,5	6	Σ
6	10	8	2	0	20
6,5	8	10	4	2	24
7	5	8	10	5	28
7,5	2	6	12	8	28
Σ	25	32	28	15	100

Abbildung 6.9 Zweidimensionale Häufigkeitstabelle zu Beispiel 6.11

a) Die durchschnittliche tägliche Futtermenge aller Schweine beträgt

$$\bar{x} = \frac{20 \cdot 6 + 24 \cdot 6{,}5 + 28 \cdot 7 + 28 \cdot 7{,}5}{100} = 6{,}82 \text{ kg}$$

bei einer Standardabweichung von

$$s_x = \sqrt{\frac{20 \cdot (6 - 6{,}82)^2 + 24 \cdot (6{,}5 - 6{,}82)^2 + 28 \cdot (7 - 6{,}82)^2 + 28 \cdot (7{,}5 - 6{,}82)^2}{100}} =$$

$$\sqrt{\frac{13{,}45 + 2{,}46 + 0{,}91 + 12{,}95}{100}} = \sqrt{\frac{29{,}77}{100}} = 0{,}55 \text{ kg}.$$

b) Die durchschnittliche Gewichtszunahme aller Schweine beträgt

$$\bar{y} = \frac{25 \cdot 4 + 32 \cdot 5 + 28 \cdot 5{,}5 + 15 \cdot 6}{100} = 5{,}04 \text{ kg}$$

bei einer Standardabweichung von

$$s_y = \sqrt{\frac{25 \cdot (4 - 5{,}04)^2 + 32 \cdot (5 - 5{,}04)^2 + 28 \cdot (5{,}5 - 5{,}04)^2 + 15 \cdot (6 - 5{,}04)^2}{100}} =$$

$$\sqrt{\frac{27{,}04 + 0{,}05 + 5{,}92 + 13{,}82}{100}} = \sqrt{\frac{46{,}83}{100}} = 0{,}68 \text{ kg.}$$

c) Die durchschnittliche tägliche Futtermenge der Schweine, die 5 kg Gewichtszunahme erreicht haben, beträgt

$$\bar{x}_{Y=5} = \frac{8 \cdot 6 + 10 \cdot 6{,}5 + 8 \cdot 7 + 6 \cdot 7{,}5}{32} = 6{,}69 \text{ kg}$$

bei einer Standardabweichung von

$$s_{x/Y=5} = \sqrt{\frac{8 \cdot (6 - 6{,}69)^2 + 10 \cdot (6{,}5 - 6{,}69)^2 + 8 \cdot (7 - 6{,}69)^2 + 6 \cdot (7{,}5 - 6{,}69)^2}{32}} =$$

$$\sqrt{\frac{3{,}81 + 0{,}36 + 0{,}77 + 3{,}94}{32}} = \sqrt{\frac{8{,}88}{32}} = 0{,}53 \text{ kg.}$$

d) Die durchschnittliche Gewichtszunahme der Schweine, denen 6 kg Futtermenge zugeführt wurde, beträgt

$$\bar{y}_{X=6} = \frac{10 \cdot 4 + 8 \cdot 5 + 2 \cdot 5{,}5 + 0 \cdot 6}{20} = 4{,}55 \text{ kg}$$

bei einer Standardabweichung von

$$s_{y/X=6} = \sqrt{\frac{10 \cdot (4 - 4{,}55)^2 + 8 \cdot (5 - 4{,}55)^2 + 2 \cdot (5{,}5 - 4{,}55)^2 + 0 \cdot (6 - 4{,}55)^2}{20}} =$$

$$\sqrt{\frac{3{,}03 + 1{,}62 + 1{,}81 + 0}{20}} = \sqrt{\frac{6{,}46}{20}} = 0{,}57 \text{ kg.}$$

e) Die Kovarianz der gemeinsamen Verteilung beider Merkmale beträgt

$$\text{COV}(X, Y) = \frac{1}{100}(10 \cdot 6 \cdot 4 + 8 \cdot 6 \cdot 5 + 2 \cdot 6 \cdot 5{,}5 + 0 \cdot 6 \cdot 6 + 8 \cdot 6{,}5 \cdot 4 + 10 \cdot 6{,}5 \cdot 5 + 4 \cdot 6{,}5 \cdot 5{,}5 + 2 \cdot 6{,}5 \cdot 6 + 5 \cdot 7 \cdot 4 + 8 \cdot 7 \cdot 5 + 10 \cdot 7 \cdot 5{,}5 + 5 \cdot 7 \cdot 6 + 2 \cdot 7{,}5 \cdot 4 + 6 \cdot 7{,}5 \cdot 5 + 12 \cdot 7{,}5 \cdot 5{,}5 + 8 \cdot 7{,}5 \cdot 6) - 6{,}82 \cdot 5{,}04 = 34{,}55 - 34{,}37 = 0{,}18.$$

Das positive Vorzeichen besagt, daß bei höherer Futtermenge tendentiell auch eine Gewichtszunahme zu erwarten ist.

Aufgaben und Kontrollfragen

1. Die folgende Häufigkeitstabelle enthält das Ergebnis einer repräsentativen Umfrage unter 1000 Personen bzgl. der Merkmale *Familienstand* und *Religionszugehörigkeit.*

Religion / Familienstand	ev.	rk.	sonst.
ledig	115	80	5
verheiratet	360	225	15
verwitwet	55	40	5
geschieden	70	30	0

Abbildung 6.10 Zweidimensionale Häufigkeitstabelle bzgl. der Merkmale *Familienstand* und *Religionszugehörigkeit*

a) Ergänzen Sie die obige Tabelle um die beiden Randverteilungen.

b) Bestimmen Sie die zugehörige zweidimensionale Häufigkeitstabelle der relativen Häufigkeiten.

c) Bestimmen Sie die Häufigkeitstabelle der bedingten Verteilung des Merkmals *Familienstand,* die durch Beschränkung auf die evangelischen Personen entsteht.

d) Welcher Anteil der Ledigen ist evangelisch? Wie heißt der entsprechende statistische Begriff?

e) Welcher Anteil der befragten Personen ist verheiratet? Wie heißt der entsprechende statistische Begriff?

f) Welcher Anteil der befragten Personen ist evangelisch und geschieden? Wie heißt der entsprechende statistische Begriff?

g) Geben Sie den Median bzgl. des Merkmals *Familienstand* an.

h) Geben Sie den Modus bzgl. beider Merkmale an.

i) Prüfen Sie, ob die beiden Merkmale unabhängig sind.

2. Ein Autounternehmen liefert PKWs, LKWs und Omnibusse in die drei Regionen A, B und C. An einem bestimmten Tag wurden insgesamt 1000 Kraftfahrzeuge ausgeliefert, davon je 300 in die Regionen A und C. Die Lieferung enthielt zu 50 % PKWs, zu 30 % LKWs und zu 20 % Omnibusse. In Region A wurden 150 PKWs und 100 LKWs, in Region B wurden 100 LKWs und in Region C wurden 50 Omnibusse geliefert.

a) Erstellen Sie aus diesen Angaben bzgl. der Merkmale *Kfz-Typ* und *Region* die zweidimensionalen Häufigkeitstabellen der absoluten und relativen Häufigkeiten mit den entsprechenden Randverteilungen.

b) Bestimmen Sie die Häufigkeitstabelle der bedingten Verteilung des Merkmals *Kfz-Typ,* die durch Beschränkung auf die Region A entsteht.

c) Bestimmen Sie die Häufigkeitstabelle der bedingten Verteilung des Merkmals *Region,* die durch Beschränkung auf den Kfz-Typ *PKW* entsteht.

d) Geben Sie den Modus bzgl. beider Merkmale an.

e) Prüfen Sie, ob die beiden Merkmale unabhängig sind.

3. In der folgenden zweidimensionalen Häufigkeitstabelle sind nur die Randverteilungen der beiden Merkmale X und Y eingetragen.

X \ Y	3	4	Σ
2			20
3			15
Σ	14	21	35

a) Komplettieren Sie die zweidimensionale Häufigkeitstabelle unter der Voraussetzung, daß die Merkmale X und Y unabhängig sind.

b) Ermitteln Sie die Häufigkeitstabellen der vier bedingten Verteilungen und bestätigen Sie die Unabhängigkeit.

7 Zusammenhang zwischen zwei Merkmalen

7.1 Lernziele

Wenn Sie dieses Kapitel durchgearbeitet haben, sollten Sie

- den Gegenstand der Regressions- und Korrelationsanalyse kurz beschreiben können;
- das Prinzip zur Ermittlung der Regressionsfunktion nach dem Kriterium der kleinsten Quadrate erläutern können;
- bei linearen Zusammenhängen zwischen zwei metrischen Merkmalen die Regressionsgerade ermitteln können;
- für einfache Beispiele nichtlinearer Zusammenhänge zwischen zwei metrischen Merkmalen die Regressionsfunktion eines vorgegebenen Typs ermitteln können;
- wissen, was man unter einer Scheinkorrelation versteht;
- den Pearson'schen Korrelationskoeffizienten berechnen und ihn als Maß für die Linearität eines Zusammenhangs interpretieren können;
- den Spearman'schen Rangkorrelationskoeffizienten berechnen und ihn als spezielle Anwendung des Pearson'schen Korrelationskoeffizienten interpretieren können;
- wissen, daß die mittlere quadratische Kontingenz in engem Zusammenhang mit dem Begriff der Unabhängigkeit zweier Merkmale steht;
- die mittlere quadratische Kontingenz berechnen können.

7.2 Allgemeine Bemerkungen

In vielen Fällen legt das gemeinsame Auftreten von Merkmalen die Frage nahe, ob es zwischen diesen Merkmalen einen Zusammenhang gibt.

Zusammenhänge zwischen Größen im Bereich der Naturwissenschaften können in vielen Fällen durch eine (eindeutige) Funktion, die ein Naturgesetz beschreibt, ausgedrückt werden. In den Wirtschaftswissenschaften und anderen Disziplinen (z. B. Medizin, Biologie) lassen sich Zusammenhänge zwischen Merkmalen häufig nicht exakt durch eine Funktion beschreiben. Zwischen den Merkmalsausprägungen zweier Merkmale (z. B. *Körpergröße* und *Körpergewicht*) besteht häufig nur ein tendentieller Zusammenhang. Dabei sind vor allem drei Fragen von Interesse:

1. Wie ausgeprägt ist ein Zusammenhang? Tritt er sehr deutlich hervor, ist er nur schwach oder ist gar kein Zusammenhang vorhanden?

2. Von welchem Typ ist der Zusammenhang? Ist er linear, quadratisch oder von einer anderen Form?

3. Wie kann man die Tendenz des Zusammenhangs durch eine **durchschnittliche mathematische Funktion** beschreiben?

Die Bestimmung einer **Maßzahl für die Stärke des Zusammenhangs** ist Gegenstand der **Korrelationsanalyse.** Die Maßzahl bezeichnet man als **Korrelations-** bzw. **Kontingenzkoeffizienten.** Dabei ist zu unterscheiden, ob die Zusammenhangsbeziehungen zwischen metrischen, ordinalskalierten oder nominalskalierten Merkmalen untersucht werden.

Die Bestimmung von Funktionen zur Beschreibung der Form des Zusammenhangs zwischen zwei Merkmalen ist Gegenstand der **Regressionsanalyse.** Dabei erfolgt in diesem Kapitel eine Beschränkung auf metrische Merkmale. Man spricht dann von **metrischer Regressionsanalyse.**

In der Praxis steht oft ein Merkmal mit vielen anderen Merkmalen in Zusammenhang. So hängen beispielsweise die Kosten eines Produktes von den Löhnen, den Rohstoffpreisen, den Abschreibungen, den Energiekosten und weiteren Merkmalen ab. Die Untersuchung derartiger vielschichtiger Beziehungen ist Gegenstand der **multiplen Regressions- und Korrelationsanalyse.** in diesem Kapitel erfolgt eine Beschränkung auf Zusammenhänge zwischen zwei Merkmalen, also auf die **einfache Regressions- und Korrelationsanalyse.**

Anmerkung:

Im folgenden werden die Merkmalswerte bei zweidimensionalen Häufigkeitsverteilungen im Gegensatz zu eindimensionalen Häufigkeitsverteilungen mit x_i und y_i bezeichnet. Durch diese Inkonsistenz in den Bezeichnungen wird dem in der Literatur üblichen Formalismus Rechnung getragen.

7.3 Regressionsanalyse

In der **Regressionsanalyse** verfolgt man das Ziel, die **Tendenz des Zusammenhangs** zwischen zwei metrischen Merkmalen durch eine mathematische Funktion $y = f(x)$ zu beschreiben.

Der Typ der **Regressionsfunktion** wird vorgegeben. Man legt fest, ob der Zusammenhang zwischen den metrischen Merkmalen durch eine

Gerade: $y = ax + b$,
Parabel: $y = ax^2 + bx + c$,
Potenzfunktion: $y = bx^a$,
Exponentialfunktion: $y = ba^x$

oder einen anderen Funktionstyp beschrieben werden soll. Bei der Entscheidung für einen Funktionstyp läßt man sich z. B. durch das Bild des Streuungsdiagramms in der Merkmalsebene oder durch theoretische Überlegungen leiten.

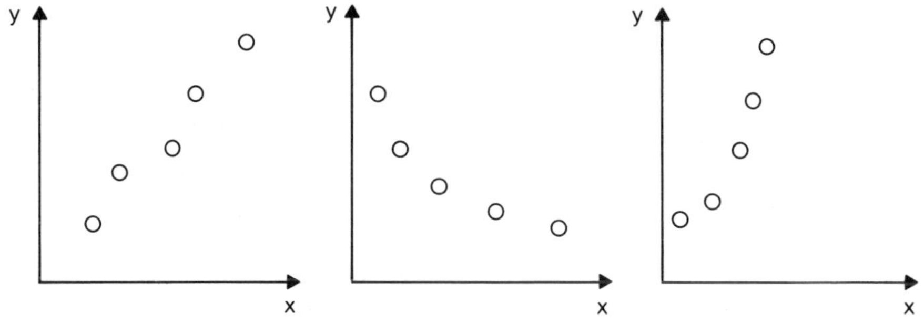

Abbildung 7.1 Beispiele für Streuungsdiagramme in der Merkmalsebene

Bei den in Abbildung 7.1 dargestellten Beispielen für Streuungsdiagramme in der Merkmalsebene würde man als Typ der Regressionsfunktion möglicherweise im 1. Beispiel eine Gerade, im 2. Beispiel eine Parabel und im 3. Beispiel eine Exponentialfunktion wählen.

Mit der Entscheidung für einen Funktionstyp ist das Problem der Bestimmung einer geeigneten Regressionsfunktion aber noch nicht gelöst. Unter den unendlich vielen Geraden bzw. Parabeln bzw. Potenzfunktionen bzw. Funktionen eines anderen Typs ist nun diejenige auszuwählen, die den Zusammenhang möglichst gut beschreibt.

Als Prinzip zur Ermittlung der Regressionsfunktion zu einem gegebenen Funktionstyp hat sich das **Kriterium der kleinsten Quadrate,** das im folgenden genauer dargestellt wird, bewährt.

Entsprechend der Skizze in Abbildung 7.2 erhält man bei n Beobachtungspunkten die n Abstände $d_1, d_2, \ldots, d_n$ mit $d_i = |y_i - y_i^*|$.

Nach dem Kriterium der kleinsten Quadrate wird nun von allen denkbaren Funktionen eines vorgegebenen Funktionstyps diejenige als Regressionsfunktion angesehen, bei der die Summe der quadrierten Abstände d_i^2 minimal wird, d. h.

$$\sum_{i=1}^{n} (y_i - y_i^*)^2 = \sum_{i=1}^{n} d_i^2 = \text{Minimum}.$$

In Abbildung 7.2 wurden die Abstände zwischen den Beobachtungspunkten und der Regressionsfunktion parallel zur y-Achse verwendet. Eine Regressionsfunk-

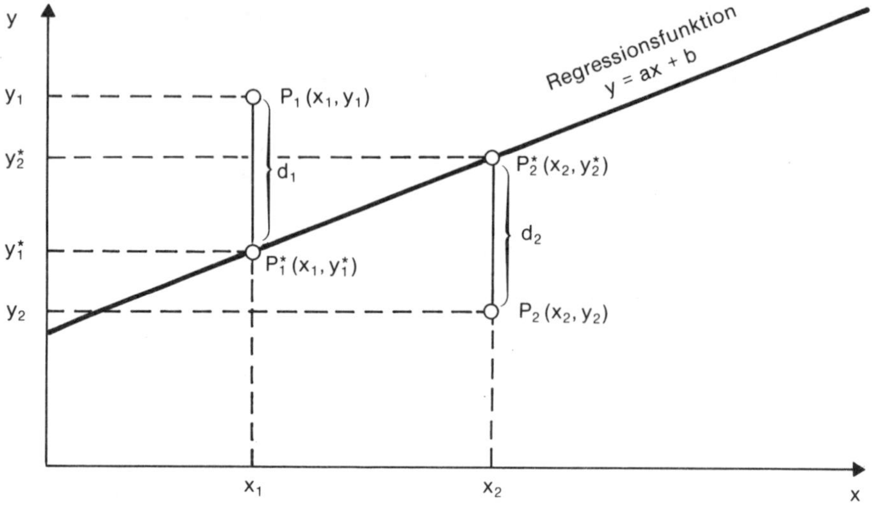

Abbildung 7.2 Darstellung des Prinzips zur Ermittlung der Regressionsfunktion nach dem Kriterium der kleinsten Quadrate

tion, die auf diese Weise ermittelt wird, heißt **yx-Regressionsfunktion.** Verwendet man die Abstände zwischen den Beobachtungspunkten und der Regressionsfunktion parallel zur x-Achse, so erhält man in analoger Weise die **xy-Regressionsfunktion.** Zu einem Streuungsdiagramm gibt es also im allgemeinen zwei Regressionsfunktionen. Für welche der beiden Regressionsfunktionen man sich im Einzelfall entscheidet, hängt von der konkreten Problemstellung ab.

Im folgenden beziehen sich die Formeln nur auf die yx-Regressionsfunktion. Durch Vertauschen der Größen x_i und y_i erhält man daraus unmittelbar die entsprechenden Formeln der xy-Regressionsfunktion.

7.3.1 Lineare Regressionsfunktionen

Die einfachste Regressionsfunktion ist die **lineare Regressionsfunktion** $y = ax + b$, also die **Regressionsgerade.** Das Kriterium der kleinsten Quadrate führt auf die Forderung

$$f(a,b) = \sum_{i=1}^{n} (y_i - y_i^*)^2 = \sum_{i=1}^{n} (y_i - ax_i - b)^2 = \text{Minimum.}$$

Notwendige Bedingung für ein Minimum der Funktion f(a, b) ist das Verschwinden der partiellen Ableitungen 1. Ordnung nach a und b. Für die partiellen Ableitungen erhält man

$$\frac{\partial f}{\partial a} = \sum_{i=1}^{n} 2(y_i - ax_i - b) \cdot (-x_i)$$

$$\frac{\partial f}{\partial b} = \sum_{i=1}^{n} 2(y_i - ax_i - b) \cdot (-1).$$

Setzt man diese Ableitungen gleich Null, so erhält man die beiden folgenden Gleichungen zur Bestimmung von a und b:

$$\sum_{i=1}^{n} y_i = nb + a \sum_{i=1}^{n} x_i$$

$$\sum_{i=1}^{n} x_i y_i = b \sum_{i=1}^{n} x_i + a \sum_{i=1}^{n} x_i^2$$

Löst man dieses lineare Gleichungssystem nach a und b auf, so erhält man

$$a = \frac{n \Sigma x_i y_i - \Sigma x_i \Sigma y_i}{n \Sigma x_i^2 - (\Sigma x_i)^2}$$

$$b = \frac{\Sigma x_i^2 \Sigma y_i - \Sigma x_i \Sigma x_i y_i}{n \Sigma x_i^2 - (\Sigma x_i)^2}.$$

Für die Berechnung der Regressionskoeffizienten a und b benötigt man die Summen Σx_i, Σx_i^2, Σy_i, $\Sigma x_i y_i$. Die Berechnung dieser Hilfssummen organisiert man am zweckmäßigsten in Form einer Arbeitstabelle.

Beispiel 7.1

Der Zusammenhang zwischen der Höhe der Werbungskosten (Merkmal X) und dem Jahresumsatz (Merkmal Y) eines Unternehmens soll mit Hilfe einer Regressionsgeraden dargestellt werden. Für die Jahre 1968 bis 1975 liegen die in der folgenden Tabelle angegebenen Werte vor.

Jahr	Werbungskosten x_i (in Tsd. DM)	Jahresumsatz y_i (in Mill. DM)
1968	4	4
1969	4	5
1970	5	6
1971	6	6
1972	8	8
1973	8	10
1974	10	12
1975	11	13

Abbildung 7.3 Beobachtungen der Werbungskosten und Jahresumsätze in einem Unternehmen

i	x_i	y_i	x_i^2	x_iy_i
1	4	4	16	16
2	4	5	16	20
3	5	6	25	30
4	6	6	36	36
5	8	8	64	64
6	8	10	64	80
7	10	12	100	120
8	11	13	121	143
Σ	56	64	442	509

Abbildung 7.4 Arbeitstabelle zur Berechnung der Regressionsgeraden zu Beispiel 7.1

Für die Regressionskoeffizienten erhält man demnach

$$a = \frac{8 \cdot 509 - 56 \cdot 64}{8 \cdot 442 - 56^2} = \frac{4072 - 3584}{3536 - 3136} = \frac{488}{400} = 1{,}22$$

$$b = \frac{442 \cdot 64 - 56 \cdot 509}{8 \cdot 442 - 56^2} = \frac{28\,288 - 28\,504}{3536 - 3136} = -\frac{216}{400} = -0{,}54.$$

Man erhält also die Regressionsgerade $y = 1{,}22x - 0{,}54$.

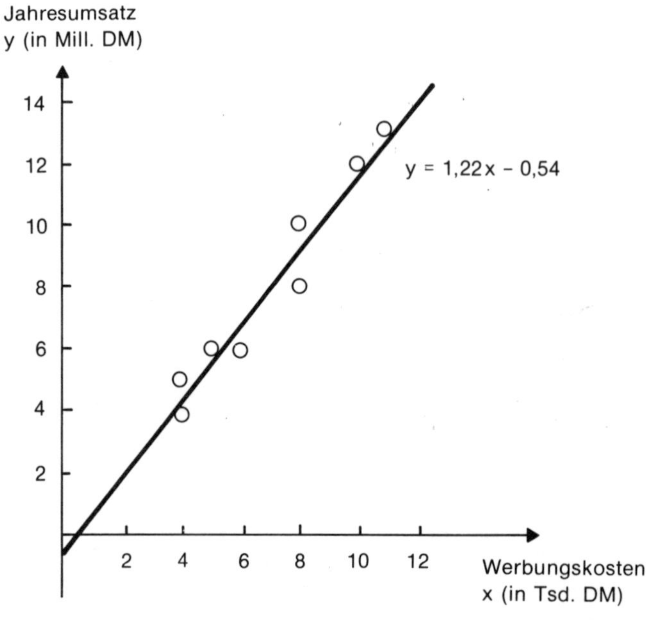

Abbildung 7.5 Streuungsdiagramm und Regressionsgerade zu Beispiel 7.1

Eine Regressionsfunktion gestattet es, zu jedem Wert des Merkmals X eindeutig einen durchschnittlichen Wert des Merkmals Y zu berechnen. So ist in Beispiel 7.1 den Werbungskosten 7 Tsd. DM der Jahresumsatz $y = 1{,}22 \cdot 7 - 0{,}54 = 8$ Mill. DM zugeordnet.

Liegt der Wert des Merkmals X zu weit außerhalb des beobachteten Datenmaterials, so kann das Einsetzen in die Regressionsfunktion zu unsinnigen Ergebnissen führen. So ist im Beispiel 7.1 den Werbungskosten 0,4 Tsd. DM der negative Jahresumsatz $y = 1{,}22 \cdot 0{,}4 - 0{,}54 = -0{,}05$ Mill. DM zugeordnet.

Der Regressionskoeffizient a der Regressionsgeraden $y = ax + b$ gibt an, um wieviel sich der Wert des Merkmals Y durchschnittlich ändert, wenn man den Wert des Merkmals X um eine Einheit erhöht. So bewirkt in Beispiel 7.1 eine Erhöhung der Werbungskosten um 1 Tsd. DM eine Erhöhung des Jahresumsatzes um 1,22 Mill. DM.

Für die Berechnung der Regressionskoeffizienten a und b der Regressionsgeraden $y = ax + b$ ergeben sich häufig Rechenvereinfachungen, wenn man die Formeln

$$\bar{y} = a\bar{x} + b \text{ und } a = \frac{\operatorname{COV}(X, Y)}{s_x^2},$$

die sich durch einfache Umformungen ergeben, benutzt.

7.3.2 Beispiele nichtlinearer Regressionsfunktionen

Auch bei **nichtlinearen Regressionsfunktionen** führt das Kriterium der kleinsten Quadrate auf Bestimmungsgleichungen zur Ermittlung der Koeffizienten der Regressionsfunktion.

Wählt man als Regressionsfunktion eine Parabel $y = ax^2 + bx + c$, so führt das Kriterium der kleinsten Quadrate auf die Forderung

$$f(a, b, c) = \sum_{i=1}^{n} (y_i - y_i^*)^2 = \sum_{i=1}^{n} (y_i - ax_i^2 - bx_i - c)^2 = \text{Minimum}.$$

Notwendige Bedingung für ein Minimum der Funktion $f(a, b, c)$ ist das Verschwinden der partiellen Ableitungen 1. Ordnung nach a, b und c. Für die partiellen Ableitungen erhält man

$$\frac{\partial f}{\partial a} = \sum_{i=1}^{n} 2(y_i - ax_i^2 - bx_i - c) \cdot (-x_i^2)$$

$$\frac{\partial f}{\partial b} = \sum_{i=1}^{n} 2(y_i - ax_i^2 - bx_i - c) \cdot (-x_i)$$

$$\frac{\partial f}{\partial c} = \sum_{i=1}^{n} 2(y_i - ax_i^2 - bx_i - c) \cdot (-1).$$

Setzt man diese Ableitungen gleich Null, so erhält man nach einfachen Umformungen die folgenden drei Gleichungen zur Bestimmung von a, b und c:

$$\sum_{i=1}^{n} x_i^2 y_i = c \sum_{i=1}^{n} x_i^2 + b \sum_{i=1}^{n} x_i^3 + a \sum_{i=1}^{n} x_i^4$$

$$\sum_{i=1}^{n} x_i y_i = c \sum_{i=1}^{n} x_i + b \sum_{i=1}^{n} x_i^2 + a \sum_{i=1}^{n} x_i^3$$

$$\sum_{i=1}^{n} y_i \quad = nc + b \sum_{i=1}^{n} x_i + a \sum_{i=1}^{n} x_i^2$$

Zur Lösung dieses linearen Gleichungssystems sei auf entsprechende Algorithmen aus der Linearen Algebra verwiesen[1]).

Wählt man als Regressionsfunktion eine Exponentialfunktion $y = ba^x$, so erhält man durch Logarithmierung zunächst

$$\log y = \log b + x \cdot \log a.$$

Durch die Substitution $y^* = \log y$, $a^* = \log a$ und $b^* = \log b$ erhält man daraus die lineare Funktion

$$y^* = a^* x + b^*.$$

Die Regressionskoeffizienten a^* und b^* lassen sich mit den Formeln des Abschnitts 7.3.1 ermitteln. Durch die Rücksubstitution $a = 10^{a^*}$ und $b = 10^{b^*}$ erhält man dann für die Koeffizienten a und b die Bestimmungsgleichungen

$$\log a = \frac{n \Sigma x_i \log y_i - \Sigma x_i \Sigma \log y_i}{n \Sigma x_i^2 - (\Sigma x_i)^2}$$

$$\log b = \frac{\Sigma \log y_i \Sigma x_i^2 - \Sigma x_i \Sigma x_i \log y_i}{n \Sigma x_i^2 - (\Sigma x_i)^2}.$$

Wählt man als Regressionsfunktion eine Potenzfunktion $y = bx^a$, so erhält man durch Logarithmierung zunächst

$$\log y = \log b + a \cdot \log x.$$

Durch die Substitution $y^* = \log y$, $b^* = \log b$ und $x^* = \log x$ erhält man daraus die lineare Funktion

$$y^* = ax^* + b^*.$$

---

[1]) Vgl. z. B. Köhler, Lineare Algebra, S. 64—80, erschienen in gleicher Buchreihe.

Die Regressionskoeffizienten a und b lassen sich mit den Formeln des Abschnitts 7.3.1 ermitteln. Durch die Rücksubstitution $b = 10^{b^*}$ erhält man dann für die Koeffizienten a und b die Bestimmungsgleichungen

$$a = \frac{n \Sigma \log x_i \log y_i - \Sigma \log x_i \Sigma \log y_i}{n \Sigma (\log x_i)^2 - (\Sigma \log x_i)^2}$$

$$\log b = \frac{\Sigma (\log x_i)^2 \Sigma \log y_i - \Sigma \log x_i \Sigma \log x_i \log y_i}{n \Sigma (\log x_i)^2 - (\Sigma \log x_i)^2}.$$

Die folgenden Beispiele zeigen die Vorgehensweise bei der Ermittlung von nichtlinearen Regressionsfunktionen.

Beispiel 7.2

Ein Unternehmer hat bei verschiedenen Preisen (Merkmal P) die in der folgenden Tabelle angegebenen Absatzmengen (Merkmal M) pro Zeiteinheit beobachtet:

Nr. i	Preis p_i (DM/Stück)	Absatzmenge m_i (Stück)
1	20	200
2	18	275
3	15	300
4	12	500
5	10	550

Abbildung 7.6 Beobachtungen der Absatzmengen eines Produkts bei verschiedenen Preisen

Man ermittle eine Regressionsfunktion, die der Forderung einer Preisabsatzfunktion konstanter Preiselastizität genügt.

Eine Preisabsatzfunktion konstanter Preiselastizität hat die allgemeine Form $m = ap^b$. Als Typ für die Regressionsfunktion wird man also ebenfalls eine Potenzfunktion wählen.

i	p_i	$p_i^* = \log p_i$	p_i^{*2}	m_i	$m_i^* = \log m_i$	$p_i^* m_i^*$
1	20	1,30	1,69	200	2,30	2,99
2	18	1,26	1,59	275	2,44	3,07
3	15	1,18	1,39	300	2,48	2,93
4	12	1,08	1,17	500	2,70	2,92
5	10	1,00	1,00	550	2,74	2,74
Σ		5,82	6,84		12,66	14,65

Abbildung 7.7 Arbeitstabelle zur Berechnung der Regressionsfunktion zu Beispiel 7.2

Für die Regressionskoeffizienten erhält man demnach

$$a = \frac{n\,\Sigma p_i^* m_i^* - \Sigma p_i^* \Sigma m_i^*}{n\,\Sigma p_i^{*2} - (\Sigma p_i^*)^2} = \frac{5 \cdot 14{,}65 - 5{,}82 \cdot 12{,}66}{5 \cdot 6{,}84 - 5{,}82^2} = \frac{-0{,}43}{0{,}33} = -1{,}30$$

$$\log b = \frac{\Sigma p_i^{*2} \Sigma m_i^* - \Sigma p_i^* \Sigma p_i^* m_i^*}{n\,\Sigma p_i^{*2} - (\Sigma p_i^*)^2} = \frac{6{,}84 \cdot 12{,}66 - 5{,}82 \cdot 14{,}65}{5 \cdot 6{,}84 - 5{,}82^2} =$$

$$= \frac{1{,}33}{0{,}33} = 4{,}03;\; b = 10^{\log b} = 10^{4{,}03} = 10\,715.$$

Man erhält also die Preisabsatzfunktion $m = 10\,715\; p^{-1{,}30}$.

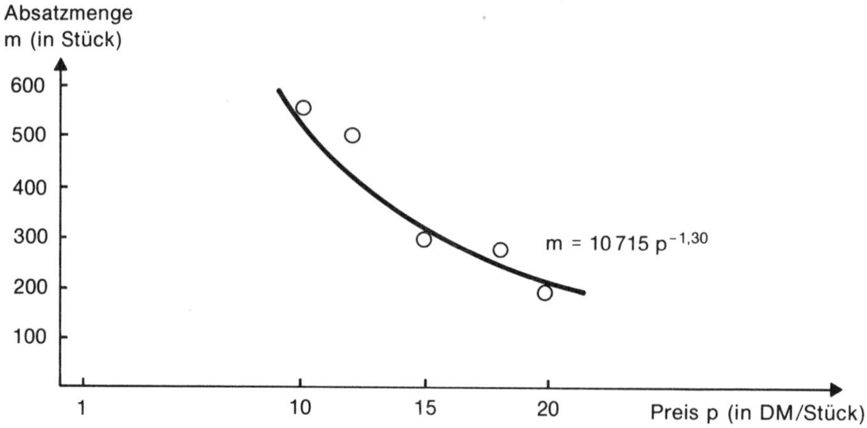

Abbildung 7.8 Streuungsdiagramm und Regressionsfunktion zu Beispiel 7.2

Beispiel 7.3

Ein Versorgungsunternehmen hat in der Zeit von 1975 bis 1979 den in der folgenden Tabelle angegebenen Wasserverbrauch beobachtet:

Jahr x_i	1975	1976	1977	1978	1979
Wasserverbrauch y_i (in Mill. m^3)	3,5	5,2	6,0	8,5	10,0

Abbildung 7.9 Zeitliche Entwicklung des Wasserverbrauchs eines Versorgungsunternehmens

Man ermittle eine Regressionsfunktion, die als exponentielle Trendfunktion Prognosen über die zukünftige Entwicklung ermöglicht.

Wegen der Forderung einer exponentiellen Trendfunktion wird man als Typ für die Regressionsfunktion ebenfalls eine Exponentialfunktion wählen.

Die Berechnung der Regressionsfunktion vereinfacht sich, wenn man 1975 = 1, 1976 = 2 usw. setzt.

i	x_i	x_i^2	y_i	$y_i^* = \log y_i$	$x_i y_i^*$
1	1	1	3,5	0,54	0,54
2	2	4	5,2	0,72	1,44
3	3	9	6,0	0,78	2,34
4	4	16	8,5	0,93	3,72
5	5	25	10,0	1,00	5,00
Σ	15	55		3,97	13,04

Abbildung 7.10 Arbeitstabelle zur Berechnung der Regressionsfunktion zu Beispiel 7.3

Für die Regressionskoeffizienten erhält man demnach

$$\log a = \frac{n \Sigma x_i y_i^* - \Sigma x_i \Sigma y_i^*}{n \Sigma x_i^2 - (\Sigma x_i)^2} = \frac{5 \cdot 13{,}04 - 15 \cdot 3{,}97}{5 \cdot 55 - 15^2} =$$

$$= \frac{5{,}65}{50{,}00} = 0{,}11; \; a = 10^{\log a} = 10^{0{,}11} = 1{,}29$$

$$\log b = \frac{\Sigma y_i^* \Sigma x_i^2 - \Sigma x_i \Sigma x_i y_i^*}{n \Sigma x_i^2 - (\Sigma x_i)^2} = \frac{3{,}97 \cdot 55 - 15 \cdot 13{,}04}{5 \cdot 55 - 15^2} =$$

$$= \frac{22{,}75}{50{,}00} = 0{,}46; \; b = 10^{\log b} = 10^{0{,}46} = 2{,}88.$$

Man erhält also die exponentielle Trendfunktion $y = 2{,}88 \cdot 1{,}29^x$.

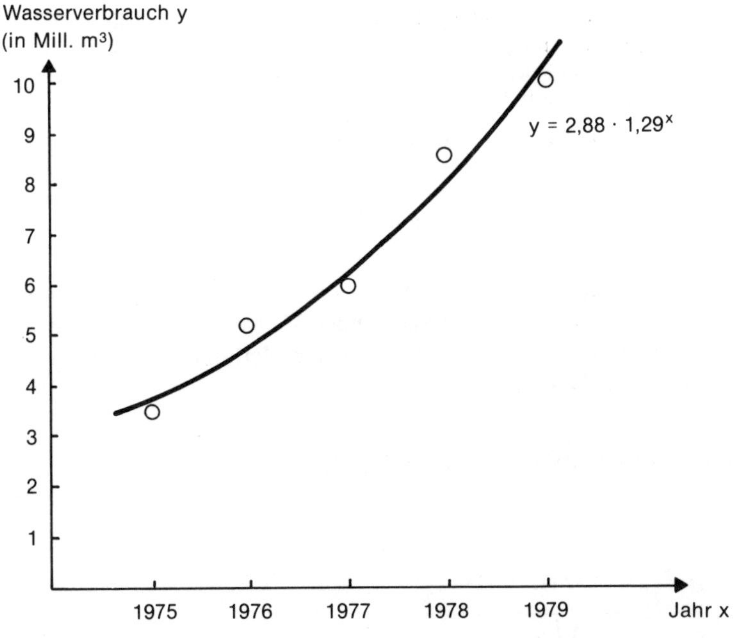

Abbildung 7.11 Streuungsdiagramm und Regressionsfunktion zu Beispiel 7.3

7.4 Korrelationsanalyse

In der **Korrelationsanalyse** verfolgt man das Ziel, die Stärke des Zusammenhangs zwischen zwei Merkmalen durch eine geeignete Maßzahl zu beschreiben. Die Maßzahl bezeichnet man als **Korrelations-** bzw. **Kontingenzkoeffizienten.**

Die Korrelationsanalyse gestattet eine Beurteilung der Stärke des Zusammenhangs sowohl zwischen metrischen als auch zwischen ordinalskalierten oder nominalskalierten Merkmalen.

Bei metrischen Merkmalen hängt die Berechnung des Korrelationskoeffizienten vom Typ der Regressionsfunktion ab. Der Korrelationskoeffizient läßt sich in diesem Fall auch als Streuungsparameter interpretieren, der zum Ausdruck bringt, ob sich die Beobachtungspunkte eng um die Regressionsfunktion konzentrieren oder mehr oder weniger stark streuen.

Mit Hilfe der Korrelationsanalyse läßt sich stets nur nachweisen, ob ein formaler Zusammenhang, d. h. ein rein zahlenmäßiger Zusammenhang, zwischen zwei Merkmalen besteht. Ob dahinter auch ein sachlicher Zusammenhang steckt, ist damit keinesfalls gesagt. Bei einem formalen Zusammenhang ohne sachliche Beziehung der Merkmale spricht man von **Scheinkorrelation.**

Beispiel 7.4

a) In einer Gegend hat man einen formalen Zusammenhang zwischen der Abnahme der Geburtenzahl und der Abnahme der Zahl der Störche festgestellt. Zwischen beiden Größen gibt es keinen sachlichen Zusammenhang in dem Sinne, daß die eine Größe die andere steuert. Man hat festgestellt, daß beide Größen durch eine dritte Größe beeinflußt werden; nämlich durch die zunehmende Industrialisierung in dieser Gegend.

b) Bei einer Gruppe von Berufstätigen hat man einen formalen Zusammenhang zwischen der Schuhgröße und dem Einkommen festgestellt. Beide Merkmale stehen in einem sachlichen Zusammenhang zu dem Merkmal *Geschlecht.* Frauen verdienen im Mittel weniger als Männer und haben im Mittel auch kleinere Füße.

Hat man zwischen zwei Merkmalen einen formalen Zusammenhang nachgewiesen, so ist stets zu prüfen, ob zwischen diesen beiden Merkmalen auch ein innerer Zusammenhang besteht, ob sie beide von einem dritten Merkmal gesteuert werden oder ob sie völlig ohne Bezug zueinander sind.

7.4.1 Korrelationskoeffizient von Pearson

Der **Pearson'sche Korrelationskoeffizient**

$$r = \frac{\sum_{i=1}^{n} (x_i - \bar{x})(y_i - \bar{y})}{\sqrt{\sum_{i=1}^{n} (x_i - \bar{x})^2}\sqrt{\sum_{i=1}^{n} (y_i - \bar{y})^2}}$$

drückt den **Grad der Linearität** des Zusammenhangs zwischen zwei **metrischen Merkmalen** X und Y aus.

Der Korrelationskoeffizient r ist eine Zahl zwischen +1 und −1. Er entsteht durch Normierung aus der im Abschnitt 6.5 behandelten Kovarianz. Dabei ist sein Zahlenwert folgendermaßen zu interpretieren:

- $r = 1$: Alle Beobachtungswerte liegen auf einer steigenden Geraden.
- $r = -1$: Alle Beobachtungswerte liegen auf einer fallenden Geraden.
- $r > 0$: Die Merkmale sind positiv korreliert, d. h., die Regressionsgerade ist steigend.
- $r < 0$: Die Merkmale sind negativ korreliert, d. h., die Regressionsgerade ist fallend.
- $r = 0$: Die Merkmale sind unkorreliert, d. h., es besteht kein linearer Zusammenhang. Es gibt keine Regressionsgerade.

Je näher der Korrelationskoeffizient bei +1 bzw. −1 liegt, desto enger scharen sich die Beobachtungswerte um die Regressionsgerade und desto stärker ist also der lineare Zusammenhang. Je näher der Korrelationskoeffizient bei 0 liegt, desto weiter streuen die Beobachtungswerte um die Regressionsgerade und desto schwächer ist der lineare Zusammenhang.

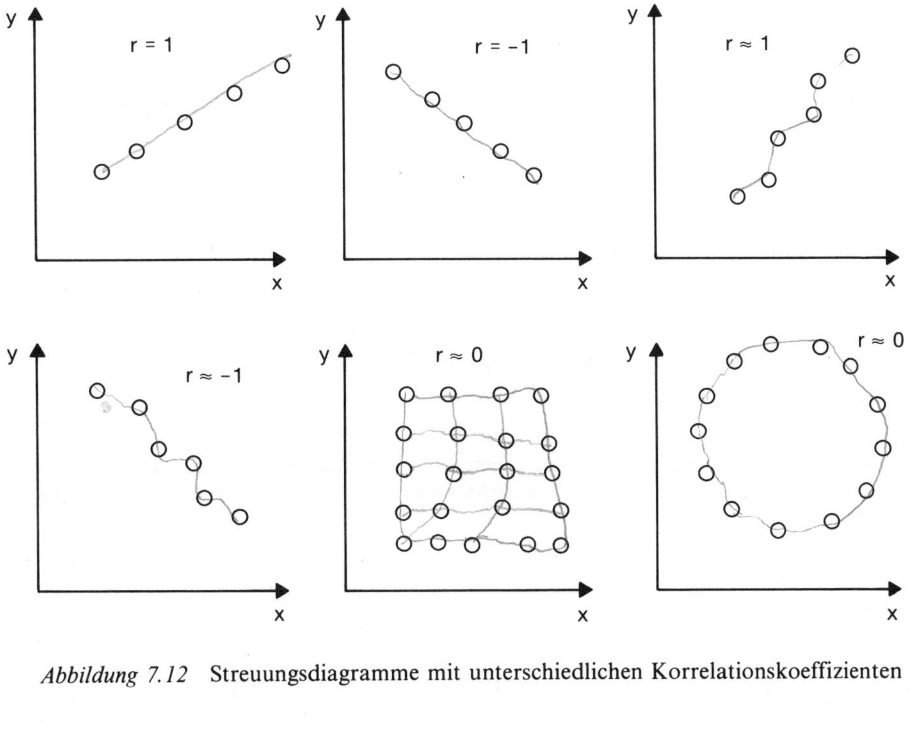

Abbildung 7.12 Streuungsdiagramme mit unterschiedlichen Korrelationskoeffizienten

Der Pearson'sche Korrelationskoeffizient bringt zum Ausdruck, wie stark der Zusammenhang von einem linearen Zusammenhang abweicht. Liegen z. B. alle Beobachtungswerte exakt auf einer Parabel und liegt somit ein eindeutiger Zusammenhang vor, so ist der Pearson'sche Korrelationskoeffizient keineswegs 1 bzw. −1. Für nichtlineare Zusammenhänge gibt es jeweils dem Typ der Regressionsfunktion angemessene Korrelationskoeffizienten.

Beispiel 7.5

Es soll der Pearson'sche Korrelationskoeffizient bzgl. der Merkmale *Werbungskosten* (Merkmal X) und *Jahresumsatz* (Merkmal Y) des Beispiels 7.1 berechnet werden.

i	x_i	y_i	$x_i - \bar{x}$	$y_i - \bar{y}$	$(x_i - \bar{x})^2$	$(y_i - \bar{y})^2$	$(x_i - \bar{x})(y_i - \bar{y})$
1	4	4	-3	-4	9	16	12
2	4	5	-3	-3	9	9	9
3	5	6	-2	-2	4	4	4
4	6	6	-1	-2	1	4	2
5	8	8	1	0	1	0	0
6	8	10	1	2	1	4	2
7	10	12	3	4	9	16	12
8	11	13	4	5	16	25	20
Σ	56	64			50	78	61
	$\bar{x} = 7$	$\bar{y} = 8$					

Abbildung 7.13 Arbeitstabelle zur Berechnung des Pearson'schen Korrelationskoeffizienten zu Beispiel 7.5

Für den Korrelationskoeffizienten erhält man demnach

$$r = \frac{\sum_{i=1}^{n} (x_i - \bar{x}) \cdot (y_i - \bar{y})}{\sqrt{\sum_{i=1}^{n} (x_i - \bar{x})^2} \sqrt{\sum_{i=1}^{n} (y_i - \bar{y})^2}} = \frac{61}{\sqrt{50} \cdot \sqrt{78}} = 0{,}98.$$

Zwischen den Werbungskosten und dem Jahresumsatz besteht also ein sehr starker linearer Zusammenhang. Die in Beispiel 7.1 ermittelte Regressionsgerade repräsentiert also sehr gut die Beobachtungswerte.

7.4.2 Rangkorrelationskoeffizient von Spearman

In diesem Abschnitt werden Zusammenhänge zwischen Merkmalen untersucht, die nur nach einer Ordinalskala geordnet werden können. Die direkte Verwendung des Pearson'schen Korrelationskoeffizienten ist schon deswegen nicht sinnvoll, weil die Merkmalsausprägungen von ordinalskalierten Merkmalen keine Zahlen zu sein brauchen.

Dieses Problem läßt sich nun dadurch lösen, daß man die Merkmalswerte jedes Merkmals aufsteigend ordnet und ihnen entsprechend ihrem Platz eine Rangzahl zuordnet.

Theoretische Überlegungen lassen es nun sinnvoll erscheinen, den Pearson'schen Korrelationskoeffizienten für die Rangzahlen zu berechnen und als Maß für den Zusammenhang zwischen ordinalskalierten Merkmalen zu verwenden.

Die im vorhergehenden Abschnitt angegebene Formel für den Pearson'schen Korrelationskoeffizienten läßt sich für den Spezialfall von Rangzahlen durch geeignete Umformungen vereinfachen. Man erhält dann den **Spearman'schen Rangkorrelationskoeffizienten**

$$r_S = 1 - \frac{6 \sum_{i=1}^{n} d_i^2}{n \cdot (n^2 - 1)}.$$

Dabei bedeuten:

n = Anzahl der statistischen Einheiten
x_i = Merkmalswert der i-ten statistischen Einheit des Merkmals X
y_i = Merkmalswert der i-ten statistischen Einheit des Merkmals Y
$Rg(x_i)$ = Rangzahl des Merkmalswertes x_i
$Rg(y_i)$ = Rangzahl des Merkmalswertes y_i
d_i = $Rg(x_i) - Rg(y_i)$

Stimmen mehrere Merkmalswerte überein, dann wird diesen das arithmetische Mittel der entsprechenden Rangzahlen zugeordnet.

Der Spearman'sche Rangkorrelationskoeffizient ist ebenfalls eine Zahl zwischen +1 und −1. Der Zahlenwert ist analog dem Pearson'schen Korrelationskoeffizienten zu interpretieren. Dabei ist allerdings zu beachten, daß der Spearman'sche Rangkorrelationskoeffizient ein Maß für den Zusammenhang in der Rangfolge der beobachteten Merkmalswerte darstellt.

Beispiel 7.6

Die folgende Tabelle enthält die Schulnoten in Mathematik (Merkmal X) und Physik (Merkmal Y) von sieben Schülern. Es soll untersucht werden, ob zwischen den Mathematik- und Physiknoten ein Zusammenhang besteht.

Schüler	Note in Mathematik x_i	Note in Physik y_i	Rg (x_i)	Rg (y_i)	d_i = Rg (x_i) − Rg (y_i)	d_i^2
A	1,8	3,2	1	4	−3	9
B	3,0	2,8	3	3	0	0
C	3,5	4,0	4	6	−2	4
D	4,0	5,0	6	7	−1	1
E	5,0	3,6	7	5	2	4
F	3,8	2,4	5	2	3	9
G	2,0	1,2	2	1	1	1
					Σ	28

Abbildung 7.14 Arbeitstabelle zur Berechnung des Spearman'schen Rangkorrelationskoeffizienten zu Beispiel 7.6

Für den Rangkorrelationskoeffizienten erhält man demnach

$$r_S = 1 - \frac{6 \sum_{i=1}^{n} d_i^2}{n \cdot (n^2 - 1)} = 1 - \frac{6 \cdot 28}{7 \cdot (49 - 1)} = 0{,}50.$$

Es handelt sich um eine positive Korrelation mittlerer Stärke zwischen Mathematik- und Physiknote.

7.4.3 Kontingenzkoeffizient

In diesem Abschnitt werden Zusammenhänge zwischen Merkmalen untersucht, die nur nominalskaliert sind. Es ist unmittelbar klar, daß der Pearson'sche Korrelationskoeffizient und der Spearman'sche Rangkorrelationskoeffizient hier nicht angewendet werden können.

Bei der Untersuchung des Zusammenhangs zwischen nominalskalierten Merkmalen geht man von dem in Abschnitt 6.4 behandelten Begriff der Unabhängigkeit zweier Merkmale aus. Unabhängigkeit der Merkmale X und Y liegt genau dann vor, wenn

$$h_{ij} = \frac{h_{i.} \cdot h_{.j}}{n} \quad (i = 1, 2, \ldots, m;\ j = 1, 2, \ldots, r)$$

gilt.

Im Prinzip geht es nun darum, die beobachteten absoluten Häufigkeiten zu vergleichen mit den Werten, die sich bei völliger Unabhängigkeit ergeben würden. Diese Überlegung liegt einer Reihe von sogenannten **Kontingenzkoeffizienten** zur Messung des Zusammenhangs zwischen zwei nominalskalierten Merkmalen zugrunde. Der einfachste dieser Kontingenzkoeffizienten ist die **mittlere quadratische Kontingenz**

$$C = \frac{1}{n} \sum_{i=1}^{m} \sum_{j=1}^{r} \frac{\left(h_{ij} - \frac{h_{i.} \cdot h_{.j}}{n}\right)^2}{\frac{h_{i.} \cdot h_{.j}}{n}}.$$

Durch eine einfache Umformung erhält man daraus die für die Berechnung einfachere Formel

$$C = \sum_{i=1}^{m} \sum_{j=1}^{r} \frac{h_{ij}^2}{h_{i.} \cdot h_{.j}} - 1.$$

Beispiel 7.7

Die folgende Tabelle enthält die Erwerbstätigen (in Mill.) der Bundesrepublik des Jahres 1974 bzgl. der Merkmale *Geschlecht* und *Stellung im Beruf* (Quelle: Statistisches Jahrbuch 1975, S. 149).

Geschlecht / Beruf	männlich	weiblich	insgesamt
Selbständige	2,0	0,5	2,5
Mithelfende Familienangehörige	0,2	1,2	1,4
Abhängige	14,8	8,2	23,0
insgesamt	17,0	9,9	26,9

Abbildung 7.15 Erwerbstätige in der Bundesrepublik 1974 bzgl. der Merkmale *Geschlecht* und *Stellung im Beruf*

Es soll untersucht werden, ob zwischen den beiden Merkmalen *Geschlecht* und *Stellung im Beruf* ein Zusammenhang besteht.

Für die mittlere quadratische Kontingenz gilt

$$C = \frac{h_{11}^2}{h_{1.} \cdot h_{.1}} + \frac{h_{12}^2}{h_{1.} \cdot h_{.2}} + \frac{h_{21}^2}{h_{2.} \cdot h_{.1}} + \frac{h_{22}^2}{h_{2.} \cdot h_{.2}} + \frac{h_{31}^2}{h_{3.} \cdot h_{.1}} + \frac{h_{32}^2}{h_{3.} \cdot h_{.2}} - 1.$$

Setzt man die entsprechenden Zahlen aus dem Beispiel ein, so erhält man

$$C = \frac{2{,}0^2}{2{,}5 \cdot 17{,}0} + \frac{0{,}5^2}{2{,}5 \cdot 9{,}9} + \frac{0{,}2^2}{1{,}4 \cdot 17{,}0} + \frac{1{,}2^2}{1{,}4 \cdot 9{,}9} + \frac{14{,}8^2}{23{,}0 \cdot 17{,}0} + \frac{8{,}2^2}{23{,}0 \cdot 9{,}9} - 1 =$$
$$= 0{,}094 + 0{,}010 + 0{,}002 + 0{,}104 + 0{,}560 + 0{,}295 - 1 = 0{,}065.$$

Zur Beurteilung des Ergebnisses muß man die Grenzen kennen, die die mittlere quadratische Kontingenz annehmen kann. Darauf soll hier nicht näher eingegangen werden.

Aufgaben und Kontrollfragen

1. Beschreiben Sie die Zielsetzung der Regressions- und Korrelationsanalyse.

2. Erläutern Sie das Prinzip zur Ermittlung der Regressionsfunktion nach dem Kriterium der kleinsten Quadrate.

3. In einem Unternehmen wurden im 1. Halbjahr des Jahres 1980 für verschiedene Ausbringungsmengen eines Gutes die in der folgenden Tabelle angegebenen Gesamtkosten für dieses Gut beobachtet:

Monat	Ausbringungsmenge x_i (in 1000 Stück)	Gesamtkosten y_i (in 1000 DM)
Januar	2	30
Februar	3	35
März	6	75
April	4	55
Mai	8	85
Juni	7	80

Abbildung 7.16 Beobachtungen der Gesamtkosten eines Gutes für verschiedene Ausbringungsmengen

   a) Prüfen Sie mit Hilfe eines Streuungsdiagramms, ob zwischen den beiden Merkmalen ein Zusammenhang besteht und von welchem Typ dieser Zusammenhang gegebenenfalls ist.
   b) Ermitteln Sie die lineare Kostenfunktion $y = ax + b$ nach dem Kriterium der kleinsten Quadrate.
   c) Welche betriebswirtschaftliche Bedeutung haben die Regressionskoeffizienten a und b?
   d) Berechnen und interpretieren Sie den Pearson'schen Korrelationskoeffizienten.
   e) Berechnen Sie mit Hilfe der Kostenfunktion die Gesamtkosten bei einer Ausbringungsmenge von 5000 Stück.

4. Theoretische Überlegungen lassen ein exponentielles Wachstum der Erdbevölkerung vermuten. Die folgende Tabelle enthält die Entwicklung der Erdbevölkerung in der Zeit von 1976 bis 1980 (die Zahlen entsprechen nicht der Realität):

Jahr x_i	1976	1977	1978	1979	1980
Erdbevölkerung y_i (in Mrd.)	4,00	4,05	4,12	4,21	4,32

Abbildung 7.17 Entwicklung der Erdbevölkerung in der Zeit von 1976 bis 1980

Ermitteln Sie eine Regressionsfunktion, die als exponentielle Trendfunktion Prognosen über die zukünftige Entwicklung der Erdbevölkerung ermöglicht. Führen Sie mit Hilfe der Trendfunktion eine Prognose für das Jahr 1985 durch.

5. Was versteht man unter einer Scheinkorrelation?

6. Acht Abiturienten unterziehen sich vor Beginn ihres Studiums einem Eignungstest. Die folgende Tabelle enthält die durchschnittliche Abiturnote und die im Test erreichte Punktzahl. Untersuchen Sie, ob zwischen Abiturnote und Testergebnis ein Zusammenhang besteht.

Abiturient	Abiturnote x_i	Testergebnis y_i (in Punkten)
A	3,2	65
B	2,6	70
C	1,8	80
D	2,9	75
E	1,6	72
F	3,1	78
G	2,8	76
H	2,1	68

Abbildung 7.18 Zusammenhang zwischen Abiturnote und Testergebnis bei acht Abiturienten

7. Die 100 Teilnehmer einer Klausur wurden nach Erfolg und Geschlecht geordnet.

Geschlecht \ Erfolg	bestanden	nicht bestanden
männlich	50	15
weiblich	30	5

Berechnen Sie die mittlere quadratische Kontingenz.

8 Bestandsanalyse

8.1 Lernziele

Wenn Sie dieses Kapitel durchgearbeitet haben, sollten Sie

- eine Bestandsmasse durch die korrespondierende Zugangs- und Abgangsmasse fortschreiben können;
- die Bestandsentwicklung graphisch als Verweildiagramm und als Bestandsdiagramm darstellen können;
- zwischen offenen und abgeschlossenen Bestandsmassen unterscheiden können;
- den Durchschnittsbestand, die mittlere Verweildauer und die Umschlagshäufigkeit definieren und berechnen können.

8.2 Bestandsentwicklung

Die grundlegenden Begriffe der **Bestandsanalyse** sind die im Abschnitt 2.4 behandelten Begriffe Bestandsmasse und Bewegungsmasse. Zu jeder Bestandsmasse gehören zwei korrespondierende Bewegungsmassen. Die eine ist die **Zugangsmasse,** die den Bestand erhöht, und die andere ist die **Abgangsmasse,** die den Bestand verringert. Die folgenden Ausführungen dienen der Darstellung und Analyse der zeitlichen Entwicklung einer Bestandsmasse. Zunächst werden einige vorbereitende Begriffe definiert.

Die Anzahl der statistischen Einheiten der Zugangsmasse in dem betrachteten Zeitraum heißt **Zugangsquote** Z und die Anzahl der statistischen Einheiten der Abgangsmasse in dem betrachteten Zeitraum heißt **Abgangsquote** A. Unter dem **Bestand** versteht man die Anzahl der statistischen Einheiten einer Bestandsmasse zu einem Zeitpunkt. Die Zuordnung der Bestände zu den einzelnen Zeitpunkten heißt **Bestandsfunktion.** Die graphische Darstellung der Bestandsfunktion nennt man **Bestandsdiagramm.** Sind der Zeitpunkt des Zugangs und der Zeitpunkt des Abgangs einer statistischen Einheit der Bestandsmasse bekannt, so gibt die Differenz zwischen diesen beiden Zeitpunkten an, wie lange die statistische Einheit im Bestand verweilt. Man nennt diese Zeitspanne **Verweildauer.** Die graphische Darstellung der Verweildauern der statistischen Einheiten einer Bestandsmasse heißt **Verweildiagramm.**

In einem Verweildiagramm wird jede statistische Einheit der Bestandsmasse durch eine **Verweillinie** parallel zur Zeitachse dargestellt. Anfang und Ende der Verweillinie entsprechen den Zeitpunkten von Zugang und Abgang der entsprechenden statistischen Einheit. Um die einzelnen Verweillinien auseinanderhalten zu können, werden diese nicht auf der Zeitachse aufgetragen, sondern mit Hilfe einer unter 45° geneigten Geraden auseinandergezogen.

Die bisher behandelten Begriffe werden durch das folgende Beispiel veranschaulicht.

Beispiel 8.1

In einem Omnibus des städtischen Nahverkehrs steigen zwischen 8.00 Uhr und 9.30 Uhr insgesamt 10 Personen ein. Die folgende Tabelle gibt für jede Person den Zeitpunkt für das Einsteigen in den Omnibus und für das Aussteigen aus dem Omnibus an. Außerdem sind die Verweildauern (in Min.) der Personen im Omnibus angegeben.

Person	1	2	3	4	5	6	7	8	9	10
Einstieg	8.05	8.10	8.20	8.30	8.35	8.45	8.55	9.10	9.20	9.25
Ausstieg	8.40	8.30	8.50	8.45	9.00	9.10	9.10	9.20	nach 9.30	nach 9.30
Verweildauer d_i (in Min.)	35	20	30	15	25	25	15	10	10	5

Abbildung 8.1 Beispiel für den Zugang, Abgang und die Verweildauer der statistischen Einheiten einer Bestandsmasse

Zeitpunkt	Zugang	Abgang	Bestand
8.05	+1		1
8.10	+1		2
8.20	+1		3
8.30	+1	−1	3
8.35	+1		4
8.40		−1	3
8.45	+1	−1	3
8.50		−1	2
8.55	+1		3
9.00		−1	2
9.10	+1	−2	1
9.20	+1	−1	1
9.25	+1		2
9.30			2

Abbildung 8.2 Bestandsfunktion in tabellarischer Form zu Beispiel 8.1

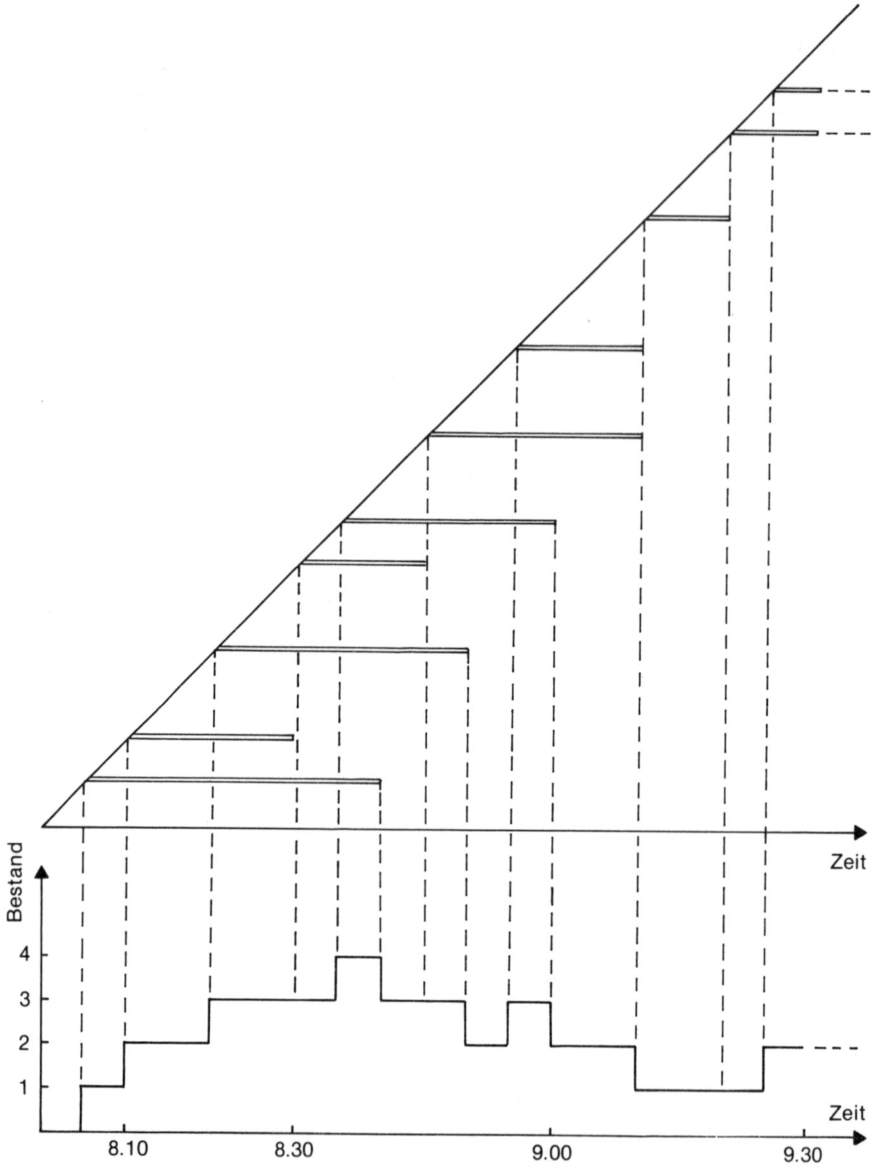

Abbildung 8.3 Verweildiagramm und Bestandsdiagramm zu Beispiel 8.1

Die Zugangsquote im betrachteten Zeitraum beträgt Z = 10 Personen und die Abgangsquote beträgt A = 8 Personen.

Man unterscheidet zwischen **abgeschlossenen** und **offenen Bestandsmassen.** Eine Bestandsmasse heißt abgeschlossen, wenn sie zeitlich abgegrenzt ist, d. h., wenn vor einem Zeitpunkt t′ und nach einem Zeitpunkt t″ kein Zu- bzw. Abgang liegt. Eine Bestandsmasse, die nicht abgeschlossen ist, heißt offen.

Beispiel 8.2

a) Abgeschlossene Bestandsmassen sind
   - die Messebesucher an einem bestimmten Tag,
   - die Reisenden in einem Zug,
   - eine bestimmte Auflage eines Buches.

b) Offene Bestandsmassen sind
   - die Arbeitslosen,
   - die Studenten einer Hochschule,
   - die zugelassenen Kraftfahrzeuge einer Stadt.

8.3 Durchschnittsbestand und mittlere Verweildauer

Hat man die Entwicklung einer Bestandsmasse für ein bestimmtes Zeitintervall vorliegen, so ist häufig der sogenannte **Durchschnittsbestand** $B_\varnothing$ von Interesse.

Die Definition des Durchschnittsbestandes baut auf dem Begriff des sogenannten **Zeitmengenbestandes** D auf. Unter dem Zeitmengenbestand im Zeitintervall t′, t″ versteht man die Summe der zwischen t′ und t″ liegenden Teile der Verweildauern aller statistischen Einheiten. Geometrisch stellt der Zeitmengenbestand die von der Bestandsfunktion und der Zeitachse im Bereich t′, t″ eingeschlossene Fläche dar.

Der Durchschnittsbestand ist die durchschnittliche Anzahl der statistischen Einheiten, die in dem betrachteten Zeitraum zu der Bestandsmasse gehört haben. Der Durchschnittsbestand ergibt sich als Zeitmengenbestand pro Zeiteinheit, d. h.

$$B_\varnothing = \frac{D}{t'' - t'} \,.$$

Liegen keine Angaben über die Verweildauern der statistischen Einheiten vor, so ist eine Berechnung des Zeitmengenbestandes nicht möglich. Eine Berechnung des Durchschnittsbestandes kann dann zumindest näherungsweise dadurch erfolgen, daß man innerhalb des betrachteten Zeitintervalls den Bestand in gleichen Zeitabständen ermittelt und den Durchschnittsbestand dann nach der Formel

$$B_\varnothing = \frac{1}{m}\left(\frac{1}{2} B_0 + B_1 + \cdots + B_{m-1} + \frac{1}{2} B_m\right)$$

berechnet. Dabei ist B_i der zum i-ten Zeitpunkt gemessene Bestand.

Besteht eine Bestandsmasse z. B. aus Produkten mit begrenzter Haltbarkeit, so ist die sogenannte **mittlere Verweildauer** d von Interesse. Diese gibt an, wie lange die einzelnen statistischen Einheiten innerhalb des betrachteten Zeitintervalls im Mittel in der Bestandsmasse verweilen.

Bei der Berechnung der mittleren Verweildauer ist zu unterscheiden, ob es sich um eine offene oder um eine abgeschlossene Bestandsmasse handelt. Eine exakte Berechnung der mittleren Verweildauer ist bei offenen Bestandsmassen nicht möglich, da zu Beginn des betrachteten Zeitraums bereits statistische Einheiten im Bestand sein können und am Ende des betrachteten Zeitraums sich noch statistische Einheiten im Bestand befinden können.

Für abgeschlossene Bestandsmassen kann man die mittlere Verweildauer nach der Formel

$$d = \frac{D}{n} = \frac{B_{\varnothing}(t'' - t')}{n}$$

berechnen, wobei n die Anzahl der statistischen Einheiten bedeutet.

Für offene Bestandsmassen kann man die mittlere Verweildauer näherungsweise nach der Formel

$$d = \frac{2D}{A + Z} = \frac{2B_{\varnothing}(t'' - t')}{A + Z}$$

berechnen.

Die Begriffe dieses Abschnitts werden durch zwei Beispiele veranschaulicht.

Beispiel 8.3

Es werden die Angaben des Beispiels 8.1 zugrunde gelegt.

a) Für den Zeitmengenbestand erhält man

$$D = \sum_{i=1}^{n} d_i = 35 + 20 + 30 + 15 + 25 + 25 + 15 + 10 + 10 + 5 = 190.$$

b) Für den Durchschnittsbestand erhält man daraus

$$B_{\varnothing} = \frac{D}{t'' - t'} = \frac{190}{90} = 2{,}11.$$

c) Bestimmt man den Durchschnittsbestand über die zu den äquidistanten Zeitpunkten 8.00, 8.05, 8.10 usw. gemessenen Bestände, so erhält man

$$B_{\varnothing} = \frac{1}{m}\left(\frac{1}{2}B_0 + B_1 + B_2 + \cdots + B_{m-1} + \frac{1}{2}B_m\right) =$$

$$= \frac{1}{18}\left(\frac{1}{2}\cdot 0 + 1 + 2 + 2 + 3 + 3 + 3 + 4 + 3 + 3 + 2 + 3 + 2 + 2 + 1 + 1 + 1 + 2 + \frac{1}{2}\cdot 2\right) =$$

$$= \frac{39}{18} = 2{,}17.$$

d) Für die mittlere Verweildauer erhält man

$$d = \frac{D}{n} = \frac{190}{10} = 19 \text{ Minuten.}$$

Beispiel 8.4

Ein Geschäft für Fernsehgeräte verzeichnet in einem Monat bei einem Anfangsbestand von 15 Geräten folgende Lagerbewegungen:

Tag	2	5	9	12	16	18	21	24	27	30
Zugang			5			10			10	
Abgang	2	4	3	4	5	3	2	3	4	4
Bestand	13	9	11	7	2	9	7	4	10	6

Abbildung 8.4 Bestandsentwicklung eines Lagerbestandes an Fernsehgeräten

a) Es handelt sich um eine offene Bestandsmasse.

b) Die Zugangsquote beträgt Z = 25 und die Abgangsquote beträgt A = 34.

c) Da an manchen Tagen keine Bestandsänderungen stattfinden, kann man den Durchschnittsbestand einfacher nach der Formel

$$B_\varnothing = \frac{1}{m}\left(\frac{1}{2}B_0 + h_1B_1 + h_2B_2 + \cdots + h_{m'-1}B_{m'-1} + \frac{1}{2}B_{m'}\right)$$

berechnen, die dem gewogenen arithmetischen Mittel entspricht. Dabei bedeutet m' die Anzahl der Zeiträume (hier Tage) mit Bestandsänderungen und h_i die Anzahl aufeinanderfolgender Zeiträume mit gleichem Bestand. Man erhält

$$B_\varnothing = \frac{1}{30}\left(\frac{1}{2}\cdot 15 + 1\cdot 15 + 3\cdot 13 + 4\cdot 9 + 3\cdot 11 + 4\cdot 7 + 2\cdot 2 + 3\cdot 9 + 3\cdot 7 + 3\cdot 4 + 3\cdot 10 + \frac{1}{2}\cdot 6\right) =$$

$$= \frac{255{,}5}{30} = 8{,}52.$$

d) Als mittlere Verweildauer erhält man

$$d = \frac{2B_\varnothing(t'' - t')}{A + Z} = \frac{2\cdot 8{,}52\cdot 30}{34 + 25} = 8{,}66 \text{ Tage.}$$

8.4 Umschlagshäufigkeit eines Bestandes

Die **Umschlagshäufigkeit** spielt vor allem im Bereich der Lagerwirtschaft eine wichtige Rolle. Die Bewirtschaftung eines Lagers ist um so kostengünstiger, je größer die Umschlagshäufigkeit ist.

Die Umschlagshäufigkeit U eines Bestandes in einem Zeitintervall der Länge T berechnet sich nach der Formel

$$U = \frac{T}{d}.$$

Die Umschlagshäufigkeit läßt sich interpretieren als die mittlere Anzahl von Erneuerungen des Bestandes im Zeitintervall der Länge T.

Die Formel für die Umschlagshäufigkeit läßt sich leichter verstehen, wenn man folgende Überlegung anstellt: Bringt man ein Lager zu einem bestimmten Zeitpunkt auf einen bestimmten Bestand und haben alle statistischen Einheiten die gleiche Verweildauer d, die dann der durchschnittlichen Verweildauer entspricht, dann ist das Lager genau nach d Zeiteinheiten wieder leer und müßte wieder neu aufgefüllt werden. Der Lagerbestand würde sich in T = d Zeiteinheiten also genau einmal und in $T = \lambda \cdot d$ Zeiteinheiten genau $U = \lambda = \frac{T}{d}$ mal umschlagen.

Beispiel 8.5

Eine Weingroßhandlung verzeichnet in den 12 Monaten eines Jahres bei einem Anfangsbestand von 5000 Flaschen folgende Lagerbewegungen:

Monat	Jan.	Febr.	März	April	Mai	Juni	Juli	Aug.	Sept.	Okt.	Nov.	Dez.
Zugang (in 1000 Fl.)	1,0	0,5	1,5	2,0	2,0	1,5	2,0	1,5	2,0	1,5	2,0	2,5
Abgang (in 1000 Fl.)	1,5	2,5	2,0	1,0	2,5	2,5	1,5	2,5	1,0	1,5	1,0	3,0
Bestand (in 1000 Fl.)	4,5	2,5	2,0	3,0	2,5	1,5	2,0	1,0	2,0	2,0	3,0	2,5

Abbildung 8.5 Bestandsentwicklung des Lagerbestandes einer Weingroßhandlung

a) Es handelt sich um eine offene Bestandsmasse.

b) Die Zugangsquote beträgt Z = 20 000 und die Abgangsquote beträgt A = 22 500.

c) Der Durchschnittsbestand beträgt

$$B_\varnothing = \frac{1}{12}\left(\frac{1}{2} \cdot 5000 + 4500 + 2500 + 2000 + 3000 + 2500 + 1500 + 2000 + 1000 + 2000 + 2000 + 3000 + \frac{1}{2} \cdot 2500\right) = \frac{29\,750}{12} = 2479.$$

d) Als mittlere Verweildauer erhält man

$$d = \frac{2B_\varnothing(t'' - t')}{A + Z} = \frac{2 \cdot 2479 \cdot 12}{22\,500 + 20\,000} = 1{,}40 \text{ Monate.}$$

e) Die Umschlagshäufigkeit in dem betrachteten Jahr beträgt

$$U = \frac{T}{d} = \frac{12}{1{,}40} = 8{,}57.$$

Aufgaben und Kontrollfragen

1. Was versteht man unter der Bestandsfunktion?

2. Was versteht man unter einer offenen bzw. abgeschlossenen Bestandsmasse?

3. Definieren Sie die Begriffe Durchschnittsbestand, mittlere Verweildauer und Umschlagshäufigkeit.

4. Auf einer Station eines Krankenhauses werden bei einem Anfangsbestand von 30 Patienten innerhalb eines Monats folgende Zu- und Abgänge registriert:

Tag	3	5	8	12	15	20	22	25	28	30
Zugang	2		3	2		1	2	1		2
Abgang		2	1		3		1	2	3	
Bestand	32	30	32	34	31	32	33	32	29	31

Abbildung 8.6 Entwicklung des Krankenbestandes einer Station eines Krankenhauses innerhalb eines Monats

a) Handelt es sich um eine offene oder abgeschlossene Bestandsmasse?
b) Zeichnen Sie das Bestandsdiagramm.
c) Ermitteln Sie die Zugangs- und Abgangsquote.
d) Berechnen Sie den Durchschnittsbestand.
e) Berechnen Sie die mittlere Verweildauer.
f) Berechnen Sie die Umschlagshäufigkeit.

9 Zeitreihenanalyse

9.1 Lernziele

Wenn Sie dieses Kapitel durchgearbeitet haben, sollten Sie

- wissen, was eine Zeitreihe ist;
- wissen, was man unter den Komponenten einer Zeitreihe versteht, und die wichtigsten Komponenten angeben und charakterisieren können;
- wissen, welcher gedankliche Ansatz der Methode der gleitenden Durchschnitte zugrunde liegt, und in der Lage sein, den Trend nach dieser Methode zu ermitteln;
- wissen, was man unter der Ordnung der gleitenden Durchschnitte versteht, und nach welchen Gesichtspunkten man die Ordnung festlegt;
- die Methode der kleinsten Quadrate zur Trendermittlung als Spezialfall der Ermittlung der Regressionsfunktion nach der Methode der kleinsten Quadrate interpretieren können;
- zwischen additiver und multiplikativer Verknüpfung von Trend und Saisonkomponente unterscheiden können und den entsprechenden formalen Ansatz angeben können.

9.2 Allgemeine Bemerkungen

Bei einer **Zeitreihe** handelt es sich um eine Reihe von Werten eines Merkmals, die zu verschiedenen Zeitpunkten (bei Bestandsmassen) bzw. für verschiedene Zeiträume (bei Bewegungsmassen) erhoben wurden.

Beispiel 9.1

Die folgende Tabelle enthält die Anzahl der Unternehmen und den gesamten Umsatz der deutschen Industrie in den Jahren 1970 bis 1972 (Quelle: Statistisches Jahrbuch 1975, S. 226):

Jahr	Anzahl der Unternehmen (in 1000)	Gesamter Umsatz (in Mrd. DM)
1970	44,9	623,9
1971	44,8	657,2
1972	44,2	741,0

Abbildung 9.1 Anzahl der Unternehmen und gesamter Umsatz der deutschen Industrie in den Jahren 1970 bis 1972

Die Tabelle enthält zwei Zeitreihen, die aus jeweils drei Werten bestehen. Bei der Anzahl der Unternehmen handelt es sich um eine Bestandsmasse, die zu bestimmten Stichtagen erfaßt wird. Beim Gesamtumsatz der Unternehmen handelt es sich um eine Bewegungsmasse, die für Zeiträume erfaßt wird.

Weitere Beispiele für Zeitreihen sind

- der monatliche Stromverbrauch einer Stadt,
- die Bevölkerungsentwicklung in der Bundesrepublik,
- die Entwicklung der Aktienkurse einer Aktiengesellschaft,
- die monatlichen Arbeitslosenzahlen in der Bundesrepublik.

Bei der **Zeitreihenanalyse** geht es nun darum, die verschiedenen Einflußfaktoren, die auf die Zeitreihe einwirken, herauszuarbeiten und daraus gewisse Gesetzmäßigkeiten abzuleiten. Diese Gesetzmäßigkeiten ermöglichen häufig eine Prognose für die zukünftige Entwicklung der Zeitreihe.

9.3 Komponenten einer Zeitreihe

Die verschiedenen Einflußfaktoren, aus denen man sich die Zeitreihe zusammengesetzt denken kann, nennt man die **Komponenten der Zeitreihe.** Die wichtigsten Komponenten, die vor allem bei ökonomischen Größen auftreten, sind:

a) **Trendkomponente**
Der Trend bringt die langfristige Entwicklungstendenz des betrachteten Merkmals zum Ausdruck. Für den Trend sind im allgemeinen globale und langfristig wirkende Ursachen verantwortlich (z. B. Wachstum des Bruttosozialproduktes durch technischen Fortschritt). Den Trend möchte man durch eine möglichst einfache mathematische Funktion, z. B. durch eine Gerade beschreiben.

b) **Konjunkturelle Komponente**
Bei der konjunkturellen Komponente handelt es sich um zyklische Schwankungen, die sich aus der übergeordneten volkswirtschaftlichen und weltwirtschaftlichen Entwicklung ergeben. Unter den konjunkturellen Schwankungen versteht man das Aufeinanderfolgen von Zeiten mit verstärkter und abgeschwächter wirtschaftlicher Aktivität. Da die zyklischen Schwankungen unsystematisch in Länge und Höhe sind, ist es sehr schwierig, die konjunkturelle Komponente aus der Zeitreihe zu isolieren. Trend und konjunkturelle Komponente werden häufig zur sogenannten **glatten Komponente** zusammengefaßt.

c) **Saisonale Komponente**
Bei der saisonalen Komponente handelt es sich ebenfalls um zyklische Schwankungen, die sich aus den periodisch wiederkehrenden jahreszeitlichen Einflüssen ergeben (z. B. Anstieg der Arbeitslosenzahl im Winter, Umsatzsteigerung des Einzelhandels in der Weihnachtszeit, Verringerung der Produktion in der Ferienzeit). Die zyklischen Schwankungen sind bei der saisonalen Komponente im allgemeinen wesentlich kürzer als bei der konjunkturellen Komponente.

d) **Restkomponente**
Der Trend und die beiden zyklischen Schwankungen werden im allgemeinen von einer unregelmäßigen Restschwankung überlagert. Als Ursache für diese

Restschwankungen können z. B. plötzliche Witterungsänderungen, technische Störungen und Streiks in Frage kommen.

In der Zeitreihenanalyse verfolgt man das Ziel, die Zeitreihe in ihre einzelnen Komponenten zu zerlegen. Unterstellt man, daß sich die Zeitreihe als Summe der einzelnen Komponenten ergibt, so kann man eine Zeitreihe allgemein durch

$$X = T + K + S + R$$

darstellen, wobei

T = Trend	S = saisonale Komponente
K = konjunkturelle Komponente	R = Restkomponente

bedeuten.

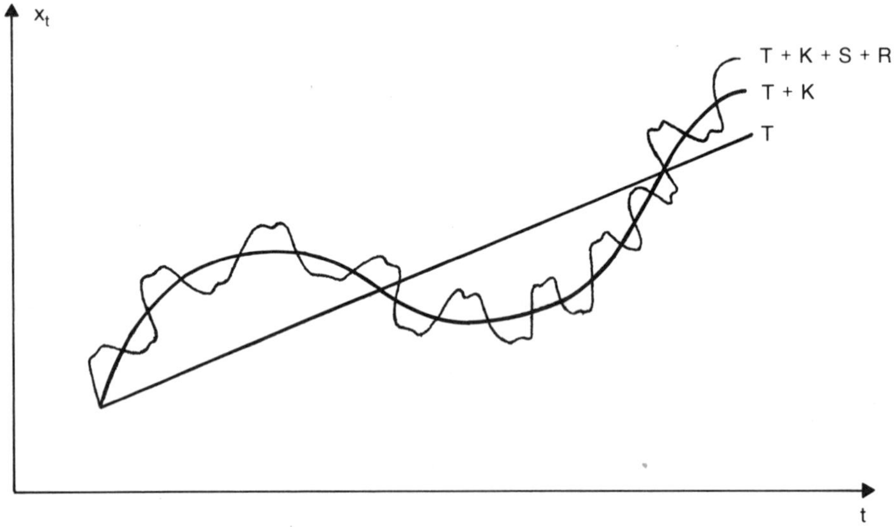

Abbildung 9.2 Graphische Darstellung der Komponenten einer Zeitreihe

9.4 Methoden zur Trendermittlung

Die bekanntesten Verfahren zur Trendermittlung sind die **Methode der gleitenden Durchschnitte** und die **Methode der kleinsten Quadrate.**

Bei der Methode der gleitenden Durchschnitte wird eine **Glättung der Zeitreihe** dadurch angestrebt, daß man den einzelnen Zeitpunkten bzw. Zeiträumen Durchschnitte benachbarter Werte der Zeitreihe zuordnet. Mit der Durchschnittsbildung verfolgt man das Ziel, einen Ausgleich zwischen positiven und negativen Einflüssen der Restkomponente und gegebenenfalls der saisonalen Komponente zu bewirken, so daß als Ergebnis die Trendkomponente bzw. die glatte Komponente übrigbleibt.

Bei der Berechnung gleitender Durchschnitte ist die sogenannte Ordnung der gleitenden Durchschnitte von Bedeutung. Dabei unterscheidet man zwischen gerader und ungerader Ordnung.

Gleitende Durchschnitte ungerader Ordnung:
Bei gleitenden Durchschnitten k-ter Ordnung berechnet man jeweils das arithmetische Mittel aus k benachbarten Werten der Zeitreihe und ordnet dieses dem mittleren Zeitpunkt bzw. Zeitraum zu.

Gleitende Durchschnitte gerader Ordnung:
Bei gleitenden Durchschnitten k-ter Ordnung berechnet man jeweils das arithmetische Mittel aus k + 1 benachbarten Werten der Zeitreihe, wobei der erste und letzte Wert nur zur Hälfte berücksichtigt werden, und ordnet dieses dem mittleren Zeitpunkt bzw. Zeitraum der an der Berechnung beteiligten k + 1 Werte zu.

Beispiel 9.2

In der folgenden Tabelle wird die Vorgehensweise bei der Berechnung gleitender Durchschnitte verdeutlicht.

t	x_t	Gleitende Durchschnitte 3. Ordnung	Gleitende Durchschnitte 5. Ordnung	Gleitende Durchschnitte 4. Ordnung
1	2			
2	3	$\frac{2+3+5}{3} = 3{,}33$		
3	5	$\frac{3+5+6}{3} = 4{,}67$	$\frac{2+3+5+6+8}{5} = 4{,}80$	$\frac{\frac{1}{2}\cdot 2+3+5+6+\frac{1}{2}\cdot 8}{4} = 4{,}75$
4	6	$\frac{5+6+8}{3} = 6{,}33$	$\frac{3+5+6+8+9}{5} = 6{,}20$	$\frac{\frac{1}{2}\cdot 3+5+6+8+\frac{1}{2}\cdot 9}{4} = 6{,}25$
5	8	$\frac{6+8+9}{3} = 7{,}67$	$\frac{5+6+8+9+10}{5} = 7{,}60$	$\frac{\frac{1}{2}\cdot 5+6+8+9+\frac{1}{2}\cdot 10}{4} = 7{,}63$
6	9	$\frac{8+9+10}{3} = 9{,}00$	$\frac{6+8+9+10+12}{5} = 9{,}00$	$\frac{\frac{1}{2}\cdot 6+8+9+10+\frac{1}{2}\cdot 12}{4} = 9{,}00$
7	10	$\frac{9+10+12}{3} = 10{,}33$		
8	12			

Abbildung 9.3 Schema zur Berechnung gleitender Durchschnitte gerader und ungerader Ordnung

Wie man aus der Tabelle in Abbildung 9.3 ersieht, sind die mit Hilfe der Methode der gleitenden Durchschnitte abgeleiteten Zeitreihen kürzer als die ursprüngliche Zeitreihe. Die ersten und die letzten Zeitpunkte bzw. Zeiträume liegen nicht in der Mitte einer Folge von k bzw. k + 1 Werten, so daß ihnen kein arithmetisches Mittel zugeordnet werden kann. Auf verfeinerte Methoden zur Ergänzung dieser Werte soll hier nicht eingegangen werden.

Beispiel 9.3

Die folgende Tabelle enthält die Indices der Aktienkurse einer Aktiengesellschaft für das Jahr 1974 (29. 12. 1972 = 100 Punkte) (Quelle: Wirtschaft und Statistik 1975, Heft 1).

Monat	Jan.	Febr.	März	April	Mai	Juni	Juli	Aug.	Sept.	Okt.	Nov.	Dez.
Index	85,2	85,5	83,6	85,8	86,0	82,8	79,4	80,4	77,4	74,9	76,6	80,5

Abbildung 9.4 Entwicklung der Aktienkurse einer Aktiengesellschaft im Jahr 1972

Man berechne mit Hilfe der Methode der gleitenden Durchschnitte Schätzwerte für die glatte Komponente.

Monat	Werte der Zeitreihe	Gleitende Durchschnitte 3. Ordnung	Gleitende Durchschnitte 4. Ordnung
Januar	85,2		
Februar	85,5	84,8	
März	83,6	85,0	85,1
April	85,8	85,1	84,9
Mai	86,0	84,9	84,0
Juni	82,8	82,7	82,8
Juli	79,4	80,9	81,1
August	80,4	79,1	79,0
September	77,4	77,6	77,7
Oktober	74,9	76,3	77,3
November	76,6	77,3	
Dezember	80,5		

Abbildung 9.5 Arbeitstabelle zur Ermittlung der gleitenden Durchschnitte 3. und 4. Ordnung zu Beispiel 9.3

Zeichnet man die in Abbildung 9.5 ermittelten gleitenden Durchschnitte in ein Streuungsdiagramm ein, so erhält man Näherungskurven für den Trend der in Abbildung 9.4 angegebenen Zeitreihe.

Abbildung 9.6 Graphische Darstellung der Zeitreihe der Aktienkurse einer Aktiengesellschaft mit gleitenden Durchschnitten 3. und 4. Ordnung

Die mit Hilfe der Methode der gleitenden Durchschnitte ermittelten Trendlinien geben die grundsätzliche Entwicklungsrichtung des Trends im allgemeinen um so besser an, je größer die Ordnung der gleitenden Durchschnitte ist. Allerdings werden die Trendlinien mit Erhöhung der Ordnung immer kürzer. Man muß sich also in jedem Einzelfall um einen Kompromiß zwischen dem Grad der Glättung und der Länge der Trendlinie bemühen.

Die Methode der gleitenden Durchschnitte eignet sich auch zur Ausschaltung der periodischen Schwankungen der Saisonkomponente. In diesem Fall sollte die Anzahl der in die Berechnung der gleitenden Durchschnitte eingehenden Werte gerade der Länge einer Periode entsprechen. Hat man z. B. Monatswerte vorliegen und liegt bei der Zeitreihe eine jährlich wiederkehrende Saisonschwankung vor, so empfiehlt es sich, gleitende Durchschnitte 12. Ordnung zu berechnen.

Ein Nachteil der Methode der gleitenden Durchschnitte besteht darin, daß der Trend nicht durch ein allgemeines Gesetz in Form einer Funktionsgleichung beschrieben wird, sondern nur durch einzelne Trendwerte gegeben ist. Dieser Nachteil läßt sich vermeiden, wenn man zur Trendermittlung die **Methode der kleinsten Quadrate** verwendet.

Die Ermittlung der Trendfunktion nach der Methode der kleinsten Quadrate geschieht durch Anwendung der in Abschnitt 7.3 behandelten Regressionsanalyse auf Zeitreihen. Man kann also bei der Ermittlung der Trendfunktion unmittelbar die in Abschnitt 7.3 angegebenen Formeln für die Regressionskoeffizienten verwenden, wenn man beachtet, daß die Werte x_i des Merkmals X durch die Zeitpunkte bzw. Zeiträume t_i gegeben sind. Wie bei der Ermittlung einer Regressionsfunktion muß auch hier der Typ der Trendfunktion vorgegeben werden.

Beispiel 9.4

Für die in Abbildung 9.4 angegebene Zeitreihe soll eine lineare Trendfunktion berechnet werden. Für die Rechnung werden die 12 Monate des Jahres durch die Zahlen 1, 2, ..., 12 ausgedrückt.

i	t_i	x_i	t_i^2	$t_i x_i$
1	1	85,2	1	85,2
2	2	85,5	4	171,0
3	3	83,6	9	250,8
4	4	85,8	16	343,2
5	5	86,0	25	430,0
6	6	82,8	36	496,8
7	7	79,4	49	555,8
8	8	80,4	64	643,2
9	9	77,4	81	696,6
10	10	74,9	100	749,0
11	11	76,6	121	842,6
12	12	80,5	144	966,0
Σ	78	978,1	650	6230,2

Abbildung 9.7 Arbeitstabelle zur Berechnung der linearen Trendfunktion zu Beispiel 9.4

$$a = \frac{12 \cdot 6230{,}3 - 78 \cdot 978{,}1}{12 \cdot 650{,}0 - 78^2} = \frac{74762{,}4 - 76291{,}8}{7800 - 6084} = -\frac{1529{,}4}{1716} = -0{,}89$$

$$b = \frac{650 \cdot 978{,}1 - 78 \cdot 6230{,}2}{12 \cdot 650{,}0 - 78^2} = \frac{635765{,}0 - 485955{,}6}{7800 - 6084} = \frac{149809{,}4}{1716} = 87{,}3$$

Man erhält also die lineare Trendfunktion $x = -0{,}89\ t + 87{,}3$.

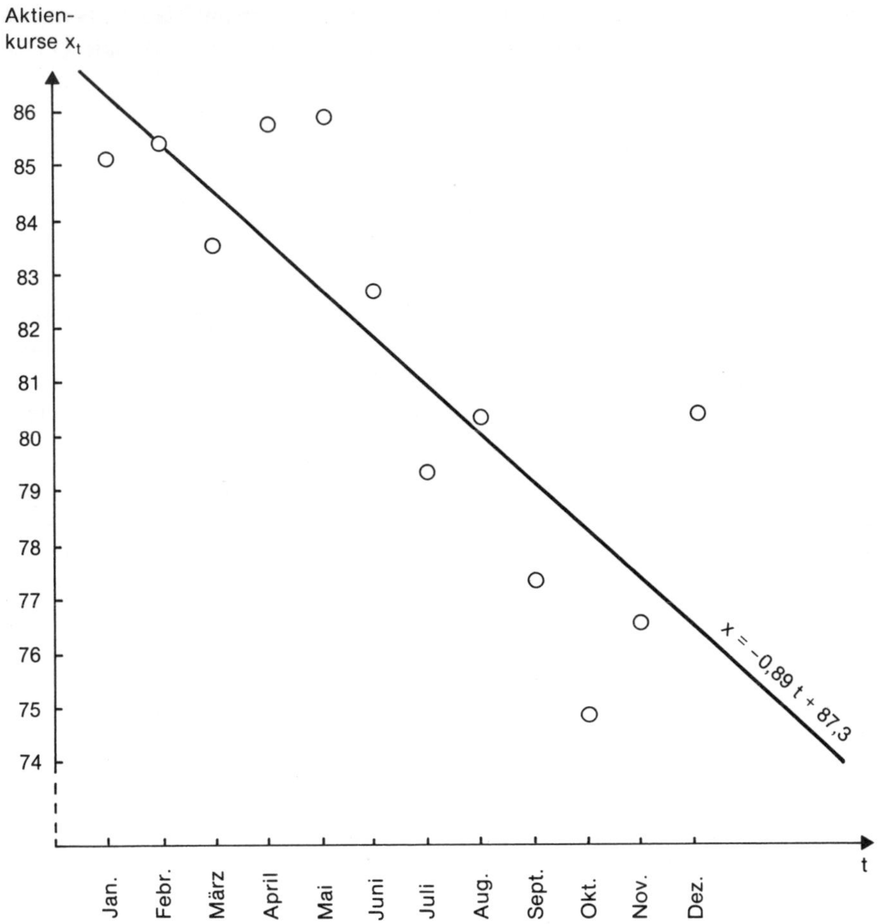

Abbildung 9.8 Graphische Darstellung der Zeitreihe und der linearen Trendfunktion zu Beispiel 9.4

Der Ansatz einer linearen Trendfunktion ist in dem vorliegenden Beispiel nicht ganz unbedenklich.

9.5 Ermittlung der Saisonkomponente

Zur Charakterisierung einer Zeitreihe reicht im allgemeinen die Ermittlung des Trends nicht aus. Vor allem bei ökonomischen Größen wird der Trend häufig durch periodisch wiederkehrende Schwankungen, die sich in aufeinanderfolgenden Jahren in deutlicher Regelmäßigkeit wiederholen, überlagert.

Für die Ermittlung der Saisonkomponente geht man davon aus, daß der betrachtete Zeitraum T Jahre und jedes Jahr J Unterzeiträume (Wochen, Monate, Quartale) umfaßt. Insgesamt betrachtet man also T · J Zeiträume. Ferner setzt man voraus, daß der Trend bereits ermittelt worden ist.

Für die folgenden Ausführungen werden folgende Symbole verwendet:

x_{tj} = Wert der Zeitreihe im Unterzeitraum j des Jahres t
$\hat{x}_{tj}$ = Trendwert
s_{tj} = Saisonkomponente

Für die Ermittlung der Saisonkomponente einer Zeitreihe muß man wissen, in welcher Weise Trend und Saisonkomponente miteinander verknüpft sind. Die beiden einfachsten Verknüpfungen von Trend und Saisonkomponente sind die **additive** und die **multiplikative Überlagerung** eines Trends durch die Saisonkomponente.

Additive Verknüpfung von Trend und Saisonkomponente:
Hierbei geht man davon aus, daß in gleichen Unterzeiträumen verschiedener Jahre die Saisonkomponente die gleiche Höhe hat. Der Wert der Zeitreihe ergibt sich also als Summe der entsprechenden Werte der Trendkomponente und der Saisonkomponente, d. h.

$$x_{tj} = \hat{x}_{tj} + s_{tj}.$$

Die Abbildung 9.9 zeigt den typischen Verlauf einer Zeitreihe, bei der eine additive Verknüpfung von Trend und Saisonkomponente vorliegt.

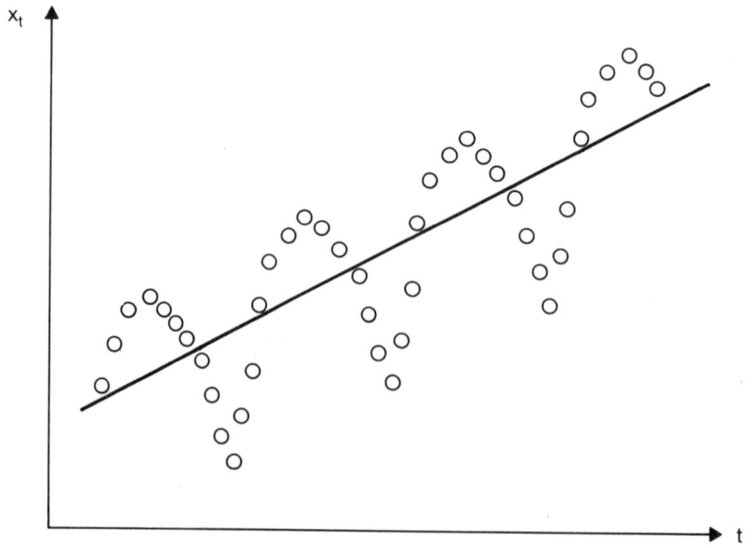

Abbildung 9.9 Additive Verknüpfung von Trend und Saisonkomponente

Multiplikative Verknüpfung von Trend und Saisonkomponente:
In vielen Fällen wird man beobachten, daß mit einem ansteigenden Trend auch der Ausschlag der Saisonschwankungen ständig zunimmt. Man geht dann häufig davon aus, daß die relativen Höhen gleicher Unterzeiträume für verschiedene Jahre konstant sind. Dieser Ansatz führt auf die multiplikative Verknüpfung von Trend und Saisonkomponente. Der Wert der Zeitreihe ergibt sich also als Produkt der entsprechenden Werte der Trendkomponente und der Saisonkomponente, d. h.

$$x_{tj} = \hat{x}_{tj} \cdot s_{tj}.$$

Die Abbildung 9.10 zeigt den typischen Verlauf einer Zeitreihe, bei der eine multiplikative Verknüpfung von Trend und Saisonkomponente vorliegt.

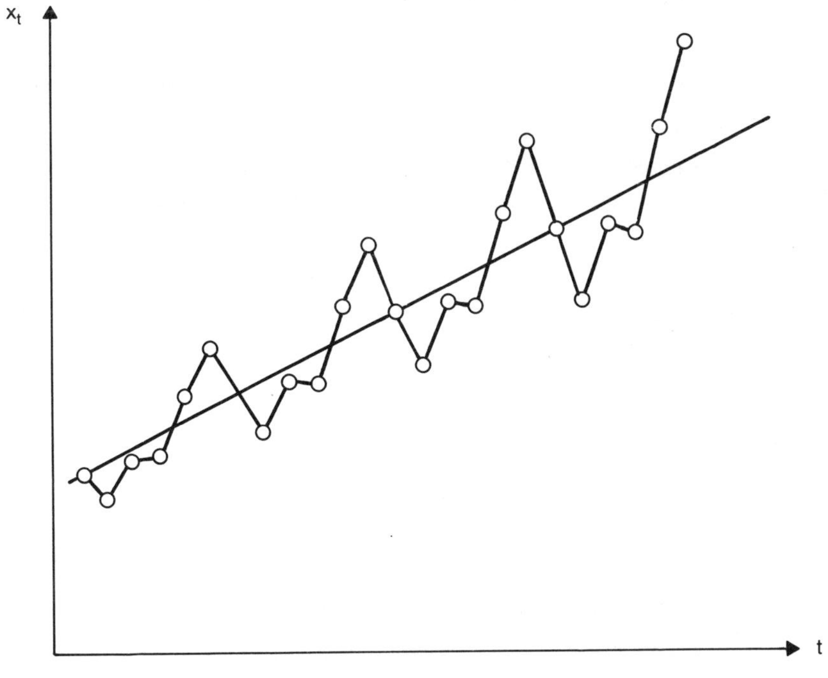

Abbildung 9.10 Multiplikative Verknüpfung von Trend und Saisonkomponente

Aufgaben und Kontrollfragen

1. Was versteht man unter einer Zeitreihe?

2. Wann werden die Werte der Zeitreihe für Zeitpunkte und wann für Zeiträume angegeben?

3. Was versteht man unter den Komponenten einer Zeitreihe? Geben Sie die wichtigsten Komponenten an.

4. Welche Grundüberlegung liegt der Methode der gleitenden Durchschnitte zugrunde?

5. Nennen Sie Nachteile der Methode der gleitenden Durchschnitte.

6. Beschreiben Sie die Trendermittlung nach der Methode der kleinsten Quadrate als spezielle Anwendung der Ermittlung der Regressionsfunktion nach der Methode der kleinsten Quadrate.

7. Die folgende Tabelle enthält die Anzahl der Ehescheidungen in der Bundesrepublik in den Jahren 1965 bis 1973 (Quelle: Statistisches Jahrbuch 1975, S. 29).

Jahr	Anzahl (in 1000)
1965	59
1966	59
1967	63
1968	65
1969	73
1970	77
1971	81
1972	87
1973	90

Abbildung 9.11 Entwicklung der Ehescheidungen in der Bundesrepublik in den Jahren 1965 bis 1973

a) Ermitteln Sie den Trend nach der Methode der gleitenden Durchschnitte 3. und 4. Ordnung.
b) Ermitteln Sie die lineare Trendfunktion nach der Methode der kleinsten Quadrate. Zeichnen Sie die Zeitreihe und die lineare Trendfunktion in ein Koordinatensystem.
c) Prognostizieren Sie mit Hilfe der linearen Trendfunktion die Anzahl der Ehescheidungen für das Jahr 1976.

10 Prognoseverfahren

10.1 Lernziele

Wenn Sie dieses Kapitel durchgearbeitet haben, sollten Sie

- zwischen qualitativen und quantitativen Prognosen unterscheiden können;
- zwischen unbedingten und bedingten Prognosen unterscheiden können;
- Prognosen durch elementare Fortschreibung aufstellen können;
- die Verfahren der Trendextrapolation und der Zeitreihenprognose beschreiben und durchführen können;
- das Verfahren der exponentiellen Glättung beschreiben und durchführen können;
- begründen können, warum Prognosen im allgemeinen nicht exakt sind;
- wichtige Fehlerquellen bei der Anwendung von Prognoseverfahren nennen können.

10.2 Klassifizierung von Prognoseverfahren

Die meisten betriebs- und volkswirtschaftlichen Entscheidungen sind in die Zukunft gerichtet. Für vernünftige Entscheidungen ist es daher wichtig, zu wissen, wie sich die für die Entscheidung relevanten Größen und die Folgen alternativer Handlungsweisen in der Zukunft entwickeln. Die dafür notwendigen Informationen kann man nur über **Prognosen** gewinnen.

Prognoseverfahren lassen sich nach dem **Informationsgehalt ihrer Aussagen** und nach den in den **Prognoseansatz eingehenden Größen** klassifizieren.

Nach dem Informationsgehalt unterscheidet man zwischen **qualitativen** und **quantitativen Prognosen.** Bei qualitativen Prognosen wird nur etwas über Richtungsänderungen der entsprechenden Größe ohne numerische Quantifizierung ausgesagt. Qualitative Prognosen werden im allgemeinen aufgrund globaler Überlegungen und gefühlsmäßiger Einschätzungen ohne statistische Grundlegung gewonnen. Werden die prognostizierten Größen numerisch quantifiziert, so spricht man von quantitativen Prognosen.

Beispiel 10.1

a) Eine qualitative Prognose liegt z. B. vor, wenn man vorhersagt, daß die Zahl der Arbeitslosen im nächsten Jahr ansteigen wird.

b) Eine quantitative Prognose liegt z. B. vor, wenn man vorhersagt, daß die durchschnittliche Inflationsrate im nächsten Jahr 5 % betragen wird.

Nach dem Prognoseansatz unterscheidet man zwischen **unbedingten** und **bedingten** Prognosen. Bei der unbedingten Prognose hängt die zu prognostizierende Größe nur von der formalen Einflußgröße Zeit ab. Größen, die auf die zu prognostizierende Größe kausal einwirken, werden indirekt durch die Zeit berücksichtigt. Unbedingte Prognosen werden im allgemeinen auf der Basis von Zeitreihen gewonnen. Bei der bedingten Prognose setzt man die zu prognostizierende Größe in direkte Beziehung zu Größen, die sich leichter prognostizieren lassen oder für die bereits Prognosen vorliegen.

Beispiel 10.2

a) Verwendet man für die Prognose eine lineare Trendfunktion, die man aus einer Zeitreihe berechnet hat, so handelt es sich um eine unbedingte Prognose.

b) Die Stückkosten eines Produktes hängen unter anderem von den Lohnkosten und den Materialkosten ab. Prognostiziert man zunächst die Lohnkosten und die Materialkosten und daraus dann die Stückkosten, so handelt es sich um eine bedingte Prognose.

Die folgenden Ausführungen beziehen sich nur auf quantitative unbedingte Prognosen.

10.3 Prognosen durch elementare Fortschreibung

Die in diesem Abschnitt behandelten Prognoseverfahren zeichnen sich durch methodische Einfachheit und elementare Rechentechnik aus.

Im folgenden werden mit x_t und x_{t-1} die beiden letzten Werte der Zeitreihe und mit $\hat{x}_{t+1}$ der Prognosewert des ersten in der Zukunft liegenden Zeitpunktes bzw. Zeitraumes bezeichnet.

Das einfachste Prognoseverfahren besteht darin, daß man den letzten Wert der Zeitreihe einfach in die Zukunft fortschreibt, d. h.

$$\hat{x}_{t+1} = x_t.$$

Soll das Prognoseverfahren die zunehmende bzw. abnehmende Tendenz der zu prognostizierenden Größe berücksichtigen, so hat man die Möglichkeit, die letzte absolute Änderung bzw. die letzte relative Änderung der Zeitreihe in die Zukunft fortzuschreiben, d. h.

$$\hat{x}_{t+1} = x_t + (x_t - x_{t-1}) \text{ bzw. } \hat{x}_{t+1} = x_t \cdot \frac{x_t}{x_{t-1}}.$$

Es ist unmittelbar einleuchtend, daß die drei angegebenen Prognoseverfahren in ihrer Einfachheit die tatsächlichen Verhältnisse häufig nur sehr unzulänglich wiedergeben. Ihre Anwendung ist nur gerechtfertigt, wenn man es mit einfach strukturierten Problemen zu tun hat oder wenn die für anspruchsvollere Verfahren benötigten Informationen nicht zur Verfügung stehen. Häufig zwingen auch Zeit- oder Kostengründe dazu, sich mit einem groben Orientierungswert zufrieden zu geben.

10.4 Prognosen auf der Basis von Zeitreihen

Hat man eine Zeitreihe vorliegen, so läßt sich die entsprechende Größe durch Fortschreiben der Zeitreihe in die Zukunft prognostizieren. Dabei muß man allerdings voraussetzen, daß sich die Bedingungen, unter denen sich eine Größe in der Vergangenheit entwickelt hat, in der Zukunft nicht wesentlich ändern.

Der einfachste Prognoseansatz auf der Basis von Zeitreihen ist die sogenannte **Trendextrapolation.** Dabei wird der Prognosewert für den in der Zukunft liegenden Zeitpunkt bzw. Zeitraum t durch Einsetzen in die Trendfunktion $\hat{x} = f(t)$ ermittelt.

Die Abbildung 10.1 veranschaulicht die Vorgehensweise bei der Trendextrapolation.

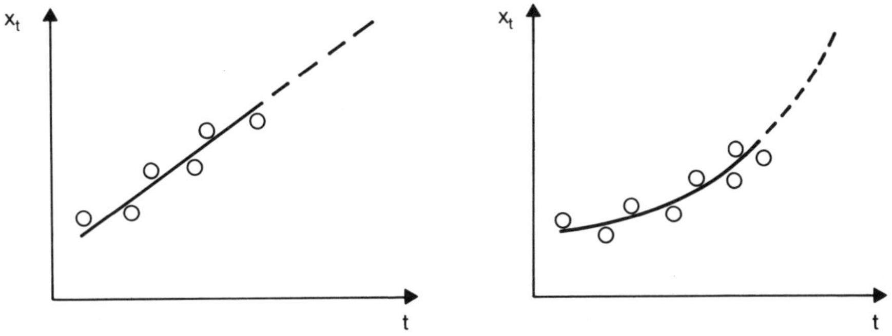

Abbildung 10.1 Graphische Darstellungen von Trendextrapolationen

Weist eine Zeitreihe deutliche saisonale Schwankungen auf, so reicht häufig eine reine Trendextrapolation für Prognosen nicht aus. Es ist vielmehr notwendig, den extrapolierten Trend durch Fortschreiben der saisonalen Schwankungen zu überlagern. Man spricht in diesem Fall von einer **Zeitreihenprognose.**

Die Abbildung 10.2 veranschaulicht die Vorgehensweise bei Zeitreihenprognosen.

Bei der Trendextrapolation und der Zeitreihenprognose wurde jeweils vorausgesetzt, daß eine nach der Methode der kleinsten Quadrate ermittelte Trendfunktion vorliegt. Ist der Trend nach der Methode der gleitenden Durchschnitte ermittelt

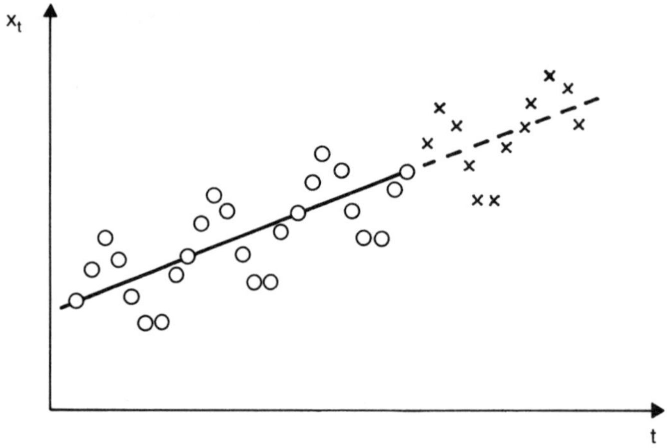

Abbildung 10.2 Graphische Darstellung einer Zeitreihenprognose

worden, so kann man Prognosen ebenfalls durch Fortschreiben der Vergangenheitswerte erhalten, indem man ähnliche Ansätze wie in Abschnitt 10.3 wählt. Darauf soll hier nicht näher eingegangen werden.

Die in diesem Abschnitt beschriebene Trendextrapolation und Zeitreihenprognose stellen lediglich eine Verfeinerung der in Abschnitt 10.3 behandelten elementaren Fortschreibungsmethoden dar, indem sie die Gesetzmäßigkeiten einer Zeitreihe differenzierter berücksichtigen.

Beispiel 10.3

Ein Unternehmen hat über zwei Jahre hinweg die in Abbildung 10.3 angegebenen Quartalsumsätze (in Mill. DM) erzielt.

Jahr	Quartal	Quartalsumsatz x_t (in Mill. DM)
1	1	25
	2	40
	3	35
	4	25
2	1	35
	2	50
	3	45
	4	35

Abbildung 10.3 Die Quartalsumsätze eines Unternehmens über einen Zeitraum von zwei Jahren

Man ermittle eine Zeitreihenprognose für die vier Quartale des dritten Jahres.

Zunächst wird für die in Abbildung 10.3 angegebene Zeitreihe eine lineare Trendfunktion ermittelt.

i	t_i	x_i	t_i^2	$t_i x_i$
1	1	25	1	25
2	2	40	4	80
3	3	35	9	105
4	4	25	16	100
5	5	35	25	175
6	6	50	36	300
7	7	45	49	315
8	8	35	64	280
Σ	36	290	204	1380

Abbildung 10.4 Arbeitstabelle zur Ermittlung der linearen Trendfunktion zu Beispiel 10.3

$$a = \frac{8 \cdot 1380 - 36 \cdot 290}{8 \cdot 204 - 36^2} = \frac{11040 - 10440}{1632 - 1296} = \frac{600}{336} = 1{,}79$$

$$b = \frac{204 \cdot 290 - 36 \cdot 1380}{8 \cdot 204 - 36^2} = \frac{59160 - 49680}{1632 - 1296} = \frac{9480}{336} = 28{,}21$$

Man erhält also die lineare Trendfunktion $x = 1{,}79\,t + 28{,}21$.

Die Quartalsschwankungen werden fortgeschrieben mit Hilfe der arithmetischen Mittel der Schwankungen zugeordneter Quartale der beiden Jahre.

Jahr	Quartal	Quartalsumsatz (in Mill. DM)	Trendkomponente (in Mill. DM)	Quartalsschwankung (in Mill. DM)	Prognosewert (in Mill. DM)
1	1	25	30,00	-5,00	
	2	40	31,79	+8,21	
	3	35	33,58	+1,42	
	4	25	35,37	-10,37	
2	5	35	37,16	-2,16	
	6	50	38,95	+11,05	
	7	45	40,74	+4,26	
	8	35	42,53	-7,53	
3	9		44,32	-3,58	40,74
	10		46,11	+9,63	55,74
	11		47,90	+2,84	50,74
	12		49,69	-8,95	40,74

Abbildung 10.5 Tabelle zur Ermittlung der Zeitreihenprognose zu Beispiel 10.3

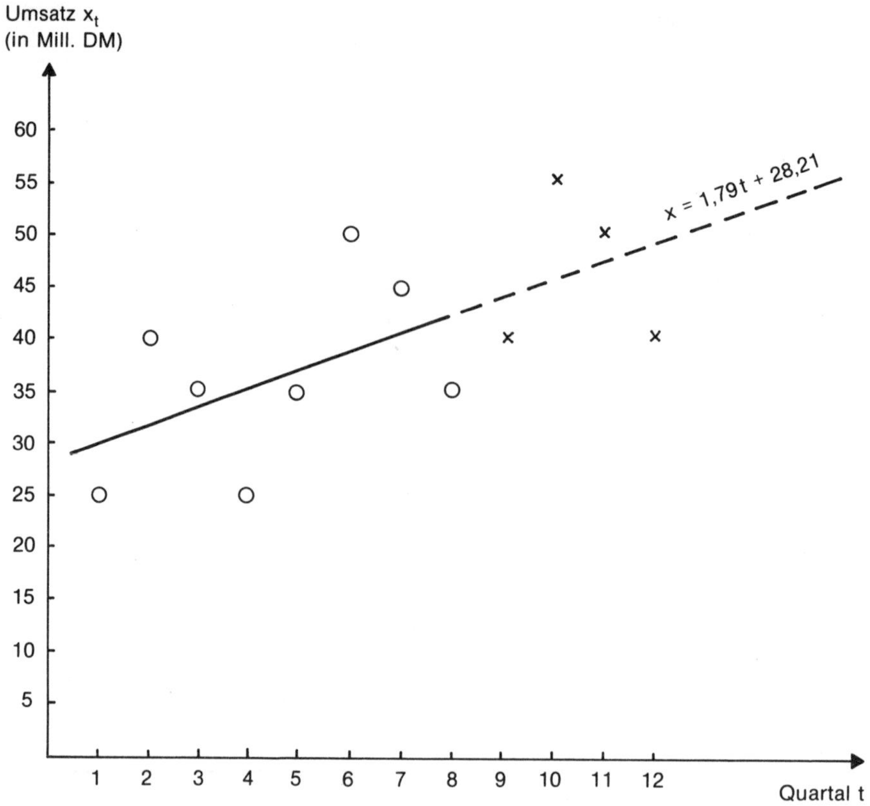

Abbildung 10.6 Graphische Darstellung der Zeitreihenprognose zu Beispiel 10.3

10.5 Exponentielle Glättung

Das **Verfahren der exponentiellen Glättung** ermöglicht die Berechnung eines Prognosewertes für den jeweils nächsten Zeitpunkt bzw. Zeitraum. Im Zeitpunkt bzw. Zeitraum t berechnet man den Prognosewert für den Zeitpunkt bzw. Zeitraum $t+1$ als **gewogenes arithmetisches Mittel** aus dem Merkmalswert x_t und dem Prognosewert $\hat{x}_t$ nach der Formel

$$\hat{x}_{t+1} = \alpha x_t + (1 - \alpha) \cdot \hat{x}_t; \; 0 < \alpha < 1.$$

Der Parameter α muß vorgegeben werden. Außerdem benötigt man die Startwerte x_1 und $\hat{x}_1$.

Hinter dem oben angegebenen Ansatz verbirgt sich ein gewogenes arithmetisches Mittel aus allen Vergangenheitswerten, wie die folgenden Umformungen zeigen:

$$\begin{aligned}\hat{x}_{t+1} &= \alpha x_t + (1-\alpha)\,\hat{x}_t = \alpha x_t + (1-\alpha)\,[\alpha x_{t-1} + (1-\alpha)\,\hat{x}_{t-1}] = \\ &\alpha x_t + \alpha(1-\alpha)\,x_{t-1} + (1-\alpha)^2\,\hat{x}_{t-1} = \\ &\alpha x_t + \alpha(1-\alpha)\,x_{t-1} + (1-\alpha)^2\,[\alpha x_{t-2} + (1-\alpha)\,\hat{x}_{t-2}] = \\ &\alpha x_t + \alpha(1-\alpha)\,x_{t-1} + \alpha(1-\alpha)^2\,x_{t-2} + (1-\alpha)^3\,\hat{x}_{t-2} = \\ &\vdots \\ &\alpha x_t + \alpha(1-\alpha)\,x_{t-1} + \alpha(1-\alpha)^2\,x_{t-2} + \cdots + \alpha(1-\alpha)^{t-1}\,x_1 + \\ &(1-\alpha)^t\,\hat{x}_1\end{aligned}$$

Die Gewichte $\alpha(1-\alpha)^i$ nehmen mit dem Exponenten i ab. Dieser Sachverhalt ist für die Bezeichnung exponentielle Glättung verantwortlich. Das Abnehmen der Gewichte hat zur Folge, daß Vergangenheitswerte einen um so geringeren Einfluß auf die Prognose haben, je länger sie zurückliegen.

Die Formel für die exponentielle Glättung läßt erkennen, daß der aktuelle Beobachtungswert um so stärker berücksichtigt wird, je größer α ist, und daß der letzte Prognosewert, in dem sich die ganze Vergangenheit niederschlägt, um so stärker berücksichtigt wird, je kleiner α ist. Bei einem großen α erhält man eine geringe Glättung der Zeitreihe und bei einem kleinen α eine starke Glättung der Zeitreihe. Dafür reagieren die geglätteten Werte bei einem großen α wesentlich stärker auf Abweichungen der Werte der Zeitreihe vom Durchschnitt als bei einem kleinen α.

Beispiel 10.4

Die folgende Tabelle enthält die Werte einer Zeitreihe und die exponentiell geglätteten Werte für verschiedene Parameter α (Anfangswert $\hat{x}_1 = 6{,}0$).

t	x_t	$\hat{x}_t$ für $\alpha = 0{,}6$	$\hat{x}_t$ für $\alpha = 0{,}2$
1	5,0	6,0	6,0
2	8,0	$\hat{x}_2 = 0{,}6 \cdot 5{,}0 + 0{,}4 \cdot 6{,}0 = 5{,}4$	$\hat{x}_2 = 0{,}2 \cdot 5{,}0 + 0{,}8 \cdot 6{,}0 = 5{,}8$
3	9,0	$\hat{x}_3 = 0{,}6 \cdot 8{,}0 + 0{,}4 \cdot 5{,}4 = 7{,}0$	$\hat{x}_3 = 0{,}2 \cdot 8{,}0 + 0{,}8 \cdot 5{,}8 = 6{,}2$
4	6,0	$\hat{x}_4 = 0{,}6 \cdot 9{,}0 + 0{,}4 \cdot 7{,}0 = 8{,}2$	$\hat{x}_4 = 0{,}2 \cdot 9{,}0 + 0{,}8 \cdot 6{,}2 = 6{,}8$
5	10,0	$\hat{x}_5 = 0{,}6 \cdot 6{,}0 + 0{,}4 \cdot 8{,}2 = 6{,}9$	$\hat{x}_5 = 0{,}2 \cdot 6{,}0 + 0{,}8 \cdot 6{,}8 = 6{,}6$
6	11,0	$\hat{x}_6 = 0{,}6 \cdot 10{,}0 + 0{,}4 \cdot 6{,}9 = 8{,}8$	$\hat{x}_6 = 0{,}2 \cdot 10{,}0 + 0{,}8 \cdot 6{,}6 = 7{,}3$
7	9,0	$\hat{x}_7 = 0{,}6 \cdot 11{,}0 + 0{,}4 \cdot 8{,}8 = 10{,}1$	$\hat{x}_7 = 0{,}2 \cdot 11{,}0 + 0{,}8 \cdot 7{,}3 = 8{,}0$
8		$\hat{x}_8 = 0{,}6 \cdot 9{,}0 + 0{,}4 \cdot 10{,}1 = 9{,}4$	$\hat{x}_8 = 0{,}2 \cdot 9{,}0 + 0{,}8 \cdot 8{,}0 = 8{,}2$

Abbildung 10.7 Tabelle zur Ermittlung exponentiell geglätteter Werte zu Beispiel 10.4

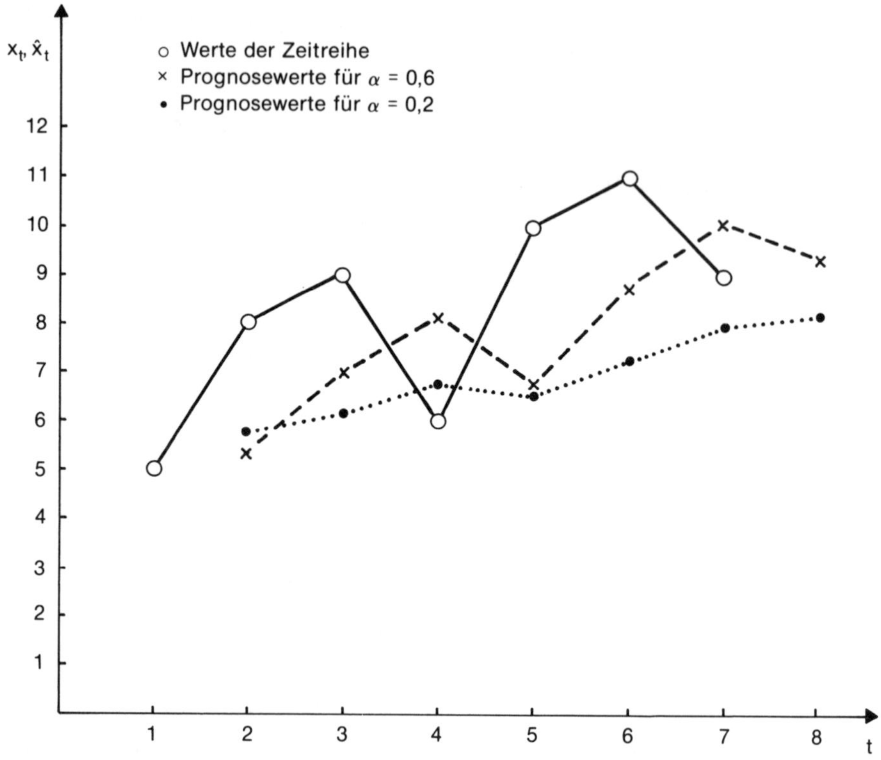

Abbildung 10.8 Graphische Darstellung der Zeitreihe mit exponentiell geglätteten Werten zu Beispiel 10.4

Abbildung 10.7 veranschaulicht, daß bei einem kleinen Wert für α die Prognosewerte stärker geglättet sind als bei einem großen Wert. Außerdem erkennt man, daß die Prognosewerte immer erst mit einer zeitlichen Verzögerung auf Tendenzänderungen der Zeitreihe reagieren. Dadurch können systematische Verzerrungen entstehen, die man durch exponentielle Glättung höherer Ordnung vermeiden kann. Darauf soll hier nicht eingegangen werden.

10.6 Zuverlässigkeit von Prognosen

Exakte Prognosen, bei denen der Prognosewert und der tatsächlich eingetretene Wert übereinstimmen, sind schon deshalb nicht zu erwarten, weil sich die irregulären Restschwankungen bei der Prognose nicht berücksichtigen lassen. Den irregulären Restschwankungen kann man dadurch Rechnung tragen, daß man keine **Punktprognose,** bei der man einen bestimmten Wert vorhersagt, sondern eine **Intervallprognose** durchführt, bei der man einen Bereich angibt, in dem man die zu prognostizierende Größe erwartet.

Es gibt eine Reihe von Fehlerquellen, welche die Aussagekraft von Prognosen verfälschen oder völlig wertlos machen können. Im folgenden werden die wichtigsten Fehlerquellen kurz geschildert.

1. Bei Zeitreihenprognosen kann ein **formal falscher Ansatz** gewählt worden sein. Dieser falsche Ansatz kann sich sowohl auf die Wahl der Trendfunktion (linearer statt exponentieller Trend) als auch auf die Struktur der saisonalen Schwankungen (multiplikative statt additive Verknüpfung) beziehen.
2. **Fehler bei der Datenerhebung** und **Rechenfehler** können auch bei richtigem Modellansatz die Prognosen erheblich verfälschen.
3. Wirken Einflußgrößen auf die Zeitreihe ein, die in der Zeit Veränderungen unterliegen, so ist ein **reiner Zeitreihenansatz** häufig **ungeeignet.** In diesem Fall ist ein Modell einer bedingten Prognose, das die entsprechenden Einflußgrößen explizit berücksichtigt, eventuell angemessener.
4. Bei einer Zeitreihenprognose wird stets unterstellt, daß sich die in der Zeitreihe ausdrückenden Gesetzmäßigkeiten auch in der Zukunft nicht wesentlich ändern. In vielen Fällen führen aber besondere Ereignisse zu sogenannten **Strukturbrüchen,** welche der Prognose die Berechnungsgrundlagen entziehen.

Aufgaben und Kontrollfragen

1. Geben Sie Möglichkeiten einer Klassifizierung von Prognoseverfahren an.
2. Geben Sie drei Formeln für Prognosen durch elementare Fortschreibung an.
3. Beschreiben Sie das Verfahren der Trendextrapolation.
4. Beschreiben Sie das Verfahren der Zeitreihenprognose.
5. Beschreiben Sie das Verfahren der exponentiellen Glättung.
6. Nennen Sie Fehlerquellen bei der Anwendung von Prognoseverfahren.

7. Gehen Sie aus von der in Abbildung 9.11 angegebenen Entwicklung der Ehescheidungen in der Bundesrepublik in den Jahren 1965 bis 1973 und prognostizieren Sie die Anzahl der Ehescheidungen für 1974 mit Hilfe der im Abschnitt 10.3 angegebenen elementaren Fortschreibungsverfahren.

8. Die Abbildung 10.8 enthält die Anzahl der Hausschlachtungen von Schweinen (in 100 000) in der Bundesrepublik für die 12 Quartale der Jahre 1978 bis 1980.

Jahr	Quartal t	Anzahl der Hausschlachtungen x_t (in 100 000)
1978	1	14
	2	6
	3	4
	4	13
1979	1	12
	2	5
	3	4
	4	12
1980	1	11
	2	5
	3	4
	4	12

Abbildung 10.9 Anzahl der Hausschlachtungen von Schweinen in der Bundesrepublik in der Zeit von 1978 bis 1980

a) Prognostizieren Sie die Anzahl der Hausschlachtungen von Schweinen in der Bundesrepublik für die vier Quartale des Jahres 1981 mit dem Verfahren der Zeitreihenprognose.
b) Veranschaulichen Sie die Zeitreihenprognose durch eine graphische Darstellung.
c) Ermitteln Sie die exponentiell geglätteten Werte für die Parameter $\alpha = 0{,}8$ und $\alpha = 0{,}3$ (Anfangswert $\hat{x}_1 = 10$).
d) Veranschaulichen Sie die Zeitreihe mit den exponentiell geglätteten Werten durch eine graphische Darstellung.

11 Verhältniszahlen

11.1 Lernziele

Wenn Sie dieses Kapitel durchgearbeitet haben, sollten Sie

- die allgemeine Definition einer Verhältniszahl kennen;
- Beispiele für Gliederungszahlen angeben können und wissen, wie man sie berechnet;
- Beispiele für Meßzahlen angeben können und wissen, wie man sie berechnet;
- wissen, was man unter Umbasieren von Meßzahlenreihen versteht, und entsprechende Umbasierungen durchführen können;
- Beispiele für Beziehungszahlen angeben können und wissen, wie man sie berechnet.

11.2 Allgemeine Definition

Die **Verhältniszahlen** gehören zur Gruppe der statistischen **Maßzahlen.** Unter einer Maßzahl versteht man allgemein einen Zahlenwert zur quantitativen Charakterisierung eines Sachverhalts.

Beispiel 11.1

a) Lageparameter und Streuungsparameter sind Maßzahlen zur Charakterisierung von Häufigkeitsverteilungen.

b) Der Pearson'sche Korrelationskoeffizient ist eine Maßzahl zur Charakterisierung des Zusammenhangs zwischen zwei metrischen Merkmalen.

c) Die absoluten und relativen Häufigkeiten sind Maßzahlen zur Charakterisierung der verschiedenen Ausprägungen eines Merkmals.

Grundlegend für die Konstruktion von Maßzahlen ist der Begriff der **äquivalenten Sachverhalte.** Äquivalenten Sachverhalten sollen gleiche Werte der Maßzahl entsprechen. Welche Sachverhalte äquivalent sind, hängt von der jeweiligen Problemstellung ab. Äquivalente Sachverhalte sind solche, die sich nur in irrelevanten Umständen unterscheiden.

Verhältniszahlen sind definiert als Quotienten zweier Maßzahlen, von denen jede für sich einen bestimmten Sachverhalt beschreibt und somit eine eigenständige Bedeutung hat. Allgemein gilt:

$$\text{Verhältniszahl} = \frac{\text{Berichtsgröße}}{\text{Basisgröße}}$$

Es hängt von der jeweiligen Fragestellung ab, welche der beiden Maßzahlen als Berichtsgröße und welche als Basisgröße verwendet wird. Vertauscht man Berichts- und Basisgröße, so erhält man eine andere Verhältniszahl mit einer anderen Aussage.

Zweck der Berechnung von Verhältniszahlen ist es, große und daher meist unanschauliche Zahlen so umzuformen, daß sie den interessierenden Sachverhalt besser beurteilen lassen. Darüber hinaus sind Verhältniszahlen dafür geeignet, große statistische Massen miteinander zu vergleichen.

Beispiel 11.2

a) Ende 1974 lebten in der Bundesrepublik 61,991 Mill. Menschen. Davon waren 29,604 Mill. männlichen und 32,387 Mill. weiblichen Geschlechts. Die Größenverhältnisse werden anschaulicher, wenn man die Zahl der Männer und der Frauen jeweils auf die Gesamtzahl der Einwohner bezieht.

$$\text{Anteil der Männer} = \frac{29{,}604 \text{ Mill. Personen}}{61{,}991 \text{ Mill. Personen}} = 0{,}478$$

$$\text{Anteil der Frauen} = \frac{32{,}387 \text{ Mill. Personen}}{61{,}991 \text{ Mill. Personen}} = 0{,}522$$

b) Ende 1974 lebten in der Bundesrepublik auf einer Gesamtfläche von 248 601 km^2 61,991 Mill. Menschen. Um beurteilen zu können, ob die Bundesrepublik im Verhältnis zu anderen Staaten dicht besiedelt ist, bildet man die sogenannte Bevölkerungsdichte:

$$\text{Bevölkerungsdichte} = \frac{61{,}991 \text{ Mill. Personen}}{248\,601 \text{ km}^2} = 249 \text{ Personen/km}^2$$

Es ist selbstverständlich, daß Berichtsgröße und Basisgröße in einer sachlich sinnvollen Beziehung zueinander stehen müssen. So ist es z. B. nicht sinnvoll, eine Verhältniszahl aus der Anzahl der Ehescheidungen und der Anzahl der PKWs in der Bundesrepublik zu bilden.

Nach dem inneren Zusammenhang, der zwischen Berichts- und Basisgröße besteht, unterscheidet man im allgemeinen drei Arten von Verhältniszahlen; nämlich
- Gliederungszahlen,
- Meßzahlen,
- Beziehungszahlen.

11.3 Gliederungszahlen

Eine **Gliederungszahl** gibt den Anteil einer statistischen Teilmasse an der übergeordneten statistischen Masse an. Man berechnet eine Gliederungszahl, indem man die Merkmalssumme der statistischen Teilmasse durch die Merkmalssumme der übergeordneten statistischen Masse dividiert.

Beispiel 11.3

Die folgende Tabelle enthält den Umsatz der deutschen Industrie für 1973 (Quelle: Statistisches Jahrbuch 1975, S. 226).

Industriegruppe	Umsatz (in Mrd. DM)
Bergbau	16,7
Grundstoff- und Produktionsgüter	225,6
Investitionsgüter	287,6
Verbrauchsgüter	118,3
Nahrungs- und Genußmittel	92,9
insgesamt	741,0

Abbildung 11.1 Umsatz der deutschen Industrie für 1973

Man kann nun Gliederungszahlen wie folgt berechnen:

$$\text{Anteil einer Industriegruppe} = \frac{\text{Umsatz der Industriegruppe}}{\text{Gesamtumsatz der Industrie}}$$

So erhält man z. B.

$$\text{Anteil der Investitionsgüter} = \frac{287{,}6 \text{ Mrd.}}{741{,}0 \text{ Mrd.}} = 0{,}39.$$

Gliederungszahlen können Werte zwischen 0 und 1 annehmen. Bei Merkmalen, deren Ausprägungen auch negativ sein können, sind Gliederungszahlen nicht sinnvoll.

11.4 Meßzahlen

Meßzahlen entstehen, wenn sachlich gleiche, aber zeitlich oder örtlich verschiedene Merkmalswerte aufeinander bezogen werden. Meßzahlen sind im allgemeinen Quotienten aus Zeitreihenwerten eines Merkmals. Dabei werden alle Werte auf den Wert eines Basiszeitpunkts bzw. Basiszeitraums bezogen.

Die Meßzahlen bei Zeitreihen berechnen sich nach der Formel

$$m_{t_o, t} = \frac{x_t}{x_{t_o}}.$$

Dabei bedeuten

$m_{t_o, t}$ = Meßzahl zum Zeitpunkt bzw. Zeitraum t bzgl. des Basiszeitpunkts bzw. Basiszeitraums t_o,

x_t = Merkmalswert zum Zeitpunkt bzw. Zeitraum t,

x_{t_o} = Merkmalswert zum Basiszeitpunkt bzw. Basiszeitraum t_o.

Das folgende Beispiel veranschaulicht die Berechnung von Meßzahlen.

Beispiel 11.4

Die folgende Tabelle enthält die Entwicklung des Bruttosozialproduktes in der Bundesrepublik und in Frankreich im Zeitraum von 1950 bis 1960 (Quelle: Statistisches Jahrbuch 1959, 1961, 1962). Neben den absoluten Werten enthält die Tabelle die Meßzahlen bezogen auf das Basisjahr 1950.

Jahr	Bundesrepublik (in Mrd. DM)	Frankreich (in Mrd. NF)	Meßzahlen bezogen auf 1950 in %	
			Bundesrepublik	Frankreich
1950	97,2	99,9	100,0	100,0
1951	119,6	120,6	123,1	120,7
1952	135,6	142,8	139,5	142,9
1953	145,5	150,4	149,7	150,6
1954	156,4	159,2	160,9	159,4
1955	178,3	170,5	183,4	170,7
1956	196,4	188,3	202,1	188,5
1957	213,6	210,6	219,8	210,8
1958	228,5	239,6	235,1	239,8
1959	247,9	259,9	255,0	260,2
1960	277,7	285,0	285,7	285,3

Abbildung 11.2 Entwicklung des Bruttosozialproduktes in der Bundesrepublik und in Frankreich von 1950 bis 1960

Beispiel 11.5

Beispiele für Meßzahlen, bei denen sachlich gleiche, aber örtlich verschiedene Merkmalswerte aufeinander bezogen werden, sind

a) Einwohnerzahlen der einzelnen Bundesländer bezogen auf die gesamte Bundesrepublik;
b) Bruttosozialprodukt der westlichen Industrienationen bezogen auf die USA.

Anmerkung:

1. Meßzahlen können größer oder kleiner als 1 sein, jedoch niemals negativ. Für den Basiszeitpunkt bzw. Basiszeitraum ergibt sich stets der Wert 1 bzw. 100 %.
2. Bei der Beurteilung der Differenz zwischen zwei Meßzahlen muß man beachten, daß es sich nicht um die prozentuale Veränderung zwischen den beiden Größen handelt.
3. Die Beurteilung einer Reihe von Meßzahlen hängt stark von der Wahl des Basiszeitpunkts bzw. Basiszeitraums ab. Wählt man einen großen Basiswert aus, so erhält man vergleichsweise kleine Veränderungsraten. Wählt man einen kleinen Basiswert aus, so erhält man vergleichsweise große Veränderungsraten.

Insbesondere bei stark schwankenden Reihenwerten ist es daher sinnvoll, einen mittleren Wert als Basis zu nehmen.

Eine Meßzahlenreihe von einer Basis auf eine andere umzustellen, nennt man **Umbasierung.** Die Umbasierung einer Meßzahlenreihe kann so durchgeführt werden, daß man sämtliche Meßzahlen durch die Meßzahl der neuen Basis dividiert, d. h.

$$m_{t_1, t} = \frac{m_{t_0, t}}{m_{t_0, t_1}}.$$

11.5 Beziehungszahlen

Beziehungszahlen entstehen, wenn sachlich verschiedenartige Maßzahlen, die jedoch einen inneren Zusammenhang aufweisen, zueinander ins Verhältnis gesetzt werden. Beziehungszahlen werden zur Charakterisierung von Sachverhalten verwendet, bei denen es in den meisten Fällen auf Vergleiche ankommt.

Beispiel 11.6

a) Im Jahr 1974 gab es im Durchschnitt 62,054 Mill. Einwohner und 16,000 Mill. PKW. Daraus kann man die sogenannte

$$\text{PKW-Dichte} = \frac{16{,}000 \text{ Mill. PKW}}{62{,}054 \text{ Mill. Einw.}} = 0{,}26 \text{ PKW/Einw.}$$

berechnen.

b) Im Jahr 1972 wurden in der Bundesrepublik 414 900 Eheschließungen bei einer Einwohnerzahl von 61,672 Mill. registriert. Daraus kann man die sogenannte

$$\text{Heiratshäufigkeit} = \frac{414\,900 \text{ Heiraten}}{61{,}672 \text{ Mill. Einw.}} = 6{,}7 \text{ Heiraten/1000 Einw.}$$

berechnen.

c) In der Betriebswirtschaft verwendet man z. B. die Beziehungszahlen

$$\text{Rentabilität} = \frac{\text{Gewinn einer Periode}}{\text{eingesetztes Kapital}}$$

$$\text{Produktivität} = \frac{\text{produzierte Menge}}{\text{geleistete Arbeitsstunden}}.$$

Die Aussagefähigkeit von Beziehungszahlen ist um so größer, je enger der Zusammenhang zwischen Berichts- und Basisgröße ist. Bei der oben definierten Heiratshäufigkeit ist die Einwohnerzahl im Grunde eine sehr grobe Basisgröße. Ein Teil der Bevölkerung (z. B. Kinder und bereits Verheiratete) kommen für eine Eheschließung nicht in Frage. Es wäre daher besser, statt der Gesamtbevölkerung nur die ledigen Personen im heiratsfähigen Alter als Basisgröße zu verwenden.

Vielfach werden in oberflächlichen Darstellungen Gliederungszahlen verwendet, wo eigentlich Beziehungszahlen angemessen wären.

Beispiel 11.7

Die Arbeitsunfälle in einem Industriebetrieb verteilen sich folgendermaßen auf die Wochentage:

Tag	Mo	Di	Mi	Do	Fr	Sa	So
Unfälle in %	19,3	18,2	15,9	16,8	16,3	8,9	4,6

Abbildung 11.3 Arbeitsunfälle in einem Industriebetrieb nach Wochentagen

Die in der Tabelle angegebenen Größen sind Gliederungszahlen. Die Werte könnten dahingehend mißverstanden werden, daß das Arbeiten am Wochenende am sichersten ist. Die Einschätzung des Unfallrisikos hängt jedoch wesentlich von der Anzahl der eingesetzten Arbeitskräfte ab. Wenn am Wochenende nur mit einer stark verkleinerten Belegschaft gearbeitet wird, werden bei sonst gleichem Risiko natürlich auch die Unfallzahlen niedriger sein. Um das Unfallrisiko richtig einschätzen zu können, hätte man daher Beziehungszahlen aus der Zahl der Unfälle und der Zahl der jeweils eingesetzten Arbeitskräfte bilden müssen.

Aufgaben und Kontrollfragen

1. Wie lautet die allgemeine Definition einer Verhältniszahl?

2. Welchen Zweck verfolgt man mit der Berechnung von Verhältniszahlen?

3. Charakterisieren Sie kurz die drei Arten von Verhältniszahlen.

4. Die folgende Tabelle enthält die Anzahl der verurteilten Straftäter des Jahres 1973 in der Bundesrepublik:

Altersklasse	Anzahl (in 1000)
Jugendliche (14 bis unter 18 Jahre)	58
Heranwachsende (18 bis unter 21 Jahre)	90
Erwachsene	551
insgesamt	699

Abbildung 11.4 Verurteilte Straftäter in der Bundesrepublik 1973

Berechnen Sie hierzu Gliederungszahlen.

5. Die folgende Tabelle enthält die Entwicklung der deutschen Ausfuhr von 1962 bis 1974 (Quelle: Statistisches Jahrbuch 1975, S. 295).

Jahr	Ausfuhr (in Mrd. DM)
1962	53,0
1965	71,7
1968	99,6
1971	136,0
1974	230,6

Abbildung 11.5 Entwicklung der deutschen Ausfuhr von 1962 bis 1974

Berechnen Sie die Meßzahlenreihe zum Basisjahr 1962.

6. Die folgende Tabelle enthält Angaben zur Berechnung der Fernsehdichte in drei Ländern:

Land	Bevölkerung (in Mill.)	Fläche (in 1000 km^2)	Fernsehgeräte (in Mill.)
Bundesrepublik	62	249	17
Sowjetunion	242	22 400	40
USA	209	9 400	99

Abbildung 11.6 Angaben zur Berechnung der Fernsehdichte in drei Ländern

Welche der beiden Basisgrößen ist zur Berechnung der Fernsehdichte geeignet? Berechnen Sie die Fernsehdichte in den drei Ländern.

12 Indexzahlen

12.1 Lernziele

Wenn Sie dieses Kapitel durchgearbeitet haben, sollten Sie

- den Unterschied zwischen Meßzahlen und Indexzahlen kennen;
- den Unterschied zwischen der Indexberechnung nach Laspeyres und nach Paasche kennen;
- Preis- und Mengenindices nach Laypeyres und nach Paasche sowie Wertindices berechnen können;
- wissen, welche formelmäßige Beziehung zwischen Wert-, Preis- und Mengenindex besteht;
- wissen, was man unter Umbasierung und Verkettung von Indexreihen versteht, und wie man diese Umformungen durchführt;
- Vor- und Nachteile des Index nach Laspeyres und des Index nach Paasche nennen können;
- wissen, worauf man beim internationalen Vergleich von Indexreihen achten sollte.

12.2 Allgemeine Bedeutung von Indexzahlen

Interessiert man sich für die zeitliche Entwicklung eines einzelnen Merkmals, so genügt es, die entsprechende Zeitreihe in Form einer Tabelle zusammenzustellen oder graphisch darzustellen. Möchte man aber die zeitliche Entwicklung mehrerer Merkmale (z. B. die Preisentwicklung von Bier, Wein und Schnaps) miteinander vergleichen, so ist es nicht sinnvoll, die Zeitreihen einander direkt gegenüberzustellen. In derartigen Fällen ist es angemessener, die entsprechenden Zeitreihen der in Abschnitt 11.4 behandelten Meßzahlen zu vergleichen.

Durch Zeitreihen oder Meßzahlenreihen wird aber immer nur die Entwicklung eines einzelnen Merkmals beschrieben. Für viele Fragestellungen etwa im Bereich der Wirtschaftswissenschaften benötigt man aber statistische Maßzahlen, die die **durchschnittliche Entwicklung mehrerer Merkmale** durch eine einzige Zahlenreihe charakterisieren. Um derartige **Bündel von Zeitreihen** übersichtlich als Gesamtheit darstellen zu können, verwendet man sogenannte **Indexzahlen.**

Die Problematik der Berechnung von Indexzahlen wird zunächst durch ein einfaches Beispiel veranschaulicht, bei dem die Merkmale Preis- und Mengenangaben verschiedener Güter sind.

Beispiel 12.1

Die folgende Tabelle enthält Preise und Verbrauchsmengen von drei alkoholischen Getränken in drei aufeinanderfolgenden Jahren:

Getränk	1973		1974		1975	
	Preis	Verbrauch	Preis	Verbrauch	Preis	Verbrauch
Bier	1,40 DM/l	10 l	1,50 DM/l	10 l	1,60 DM/l	11 l
Korn	7,50 DM/Fl.	4 Fl.	8,20 DM/Fl.	3 Fl.	8,50 DM/Fl.	4 Fl.
Whisky	14,50 DM/Fl.	2 Fl.	13,50 DM/Fl.	4 Fl.	15,00 DM/Fl.	3 Fl.

Abbildung 12.1 Entwicklung der Preise und Verbrauchsmengen von drei alkoholischen Getränken

Die Preis- und Mengenentwicklungen der drei Getränke lassen sich in insgesamt sechs Zeitreihen erfassen. Welche Möglichkeiten gibt es, eine gemeinsame, d. h. durchschnittliche Preisentwicklung aller drei Getränke anzugeben?

1. Die Addition der drei Preisreihen zu einer einzigen Reihe ist schon deswegen nicht sinnvoll, weil unterschiedliche Benennungen (DM/l und DM/Fl.) vorliegen. Benannte Zahlen können nur bei gleicher Benennung addiert werden.
2. Man könnte die durchschnittliche Preisentwicklung durch das arithmetische Mittel der Meßzahlenreihen angeben. Meßzahlen können als unbenannte Zahlen addiert werden. Diese Vorgehensweise würde aber der unterschiedlichen Bedeutung der Getränke für die Lebenshaltung, die in den Verbrauchsmengen zum Ausdruck kommt, nicht gerecht werden.
3. Ein geeigneter Ansatz für die durchschnittliche Preisentwicklung ist ein gewogenes arithmetisches Mittel der Meßzahlenreihen. Dabei müssen die Gewichte entsprechend der Bedeutung der drei Getränke für die Lebenshaltung gewählt werden. Dieser Ansatz liegt den sogenannten **Preisindices** zugrunde, die im nächsten Abschnitt behandelt werden.

Ähnliche Überlegungen führen zu den sogenannten **Mengenindices** zur Charakterisierung der durchschnittlichen Mengenentwicklung. Die gemeinsame Betrachtung von Preis- und Mengenänderungen führt zu den sogenannten **Wertindices.**

12.3 Wert-, Preis- und Mengenindices

Die am häufigsten verwendeten Indexformeln stammen von den deutschen Nationalökonomen **Laspeyres** (lies: Laspähr) und **Paasche.**

In den verschiedenen Formeln für die Indexberechnung werden die folgenden Symbole verwendet:

q_i^o = Menge des Gutes i im Basisjahr t_o
q_i^t = Menge des Gutes i im Berichtsjahr t
p_i^o = Preis des Gutes i im Basisjahr t_o
p_i^t = Preis des Gutes i im Berichtsjahr t

Die Forderung, die durchschnittliche Preis- bzw. Mengenentwicklung durch ein gewogenes arithmetisches Mittel der entsprechenden Meßzahlenreihen zu berücksichtigen, führt für die Preisindices zu dem Ansatz

$$I^p_{t_o, t} = \frac{\sum_{i=1}^{n} \frac{p_i^t}{p_o^t} \cdot w_i}{\sum_{i=1}^{n} w_i} \cdot 100$$

und für die Mengenindices zu dem Ansatz

$$I^m_{t_o, t} = \frac{\sum_{i=1}^{n} \frac{q_i^t}{q_o^t} \cdot w_i}{\sum_{i=1}^{n} w_i} \cdot 100.$$

Dabei sollen die Gewichtungsfaktoren w_i die Meßzahlen entsprechend ihrer Bedeutung gewichten.

Preisindices

Preisindices sollen lediglich die durchschnittliche Preisentwicklung wiedergeben. Dazu ist es notwendig, Mengenänderungen auszuschalten. Dies wird dadurch erreicht, daß man für Basis- und Berichtsjahr die gleichen Verbrauchsmengen ansetzt. Diese konstanten Mengen, mit denen die Preise gewichtet werden, heißen **Gewichtungsschema** oder **Warenkorb.**

Wählt man die Gewichtungsfaktoren $w_i = p_i^o \cdot q_i^o$, so erhält man den sogenannten **Preisindex nach Laspeyres,** der sich nach der Formel

$$I^p_{La, t_o, t} = \frac{\sum_{i=1}^{n} \frac{p_i^t}{p_i^o} \cdot p_i^o \cdot q_i^o}{\sum_{i=1}^{n} p_i^o \cdot q_i^o} \cdot 100 = \frac{\sum_{i=1}^{n} p_i^t \cdot q_i^o}{\sum_{i=1}^{n} p_i^o \cdot q_i^o} \cdot 100$$

berechnen läßt.

Wählt man die Gewichtungsfaktoren $w_i = p_i^o \cdot q_i^t$, so erhält man den sogenannten **Preisindex nach Paasche,** der sich nach der Formel

$$I^p_{Pa,t_o,t} = \frac{\sum_{i=1}^{n} \frac{p_i^t}{p_i^o} \cdot p_i^o \cdot q_i^t}{\sum_{i=1}^{n} p_i^o \cdot q_i^t} \cdot 100 = \frac{\sum_{i=1}^{n} p_i^t \cdot q_i^t}{\sum_{i=1}^{n} p_i^o \cdot q_i^t} \cdot 100$$

berechnen läßt.

Beispiel 12.2

Für die Angaben in Abbildung 12.1 erhält man:

$$I^p_{La,73,74} = \frac{1{,}50 \cdot 10 + 8{,}20 \cdot 4 + 13{,}50 \cdot 2}{1{,}40 \cdot 10 + 7{,}50 \cdot 4 + 14{,}50 \cdot 2} \cdot 100 = \frac{74{,}80}{73{,}00} \cdot 100 = 102{,}5$$

$$I^p_{Pa,73,74} = \frac{1{,}50 \cdot 10 + 8{,}20 \cdot 3 + 13{,}50 \cdot 4}{1{,}40 \cdot 10 + 7{,}50 \cdot 3 + 14{,}50 \cdot 4} \cdot 100 = \frac{93{,}60}{94{,}50} \cdot 100 = 99{,}0$$

Vergleicht man die beiden Preisindices miteinander, so ergibt sich die scheinbar paradoxe Situation, daß der Preisindex nach Laspeyres eine durchschnittliche Preissteigerung von 2,5 % und der Preisindex nach Paasche eine durchschnittliche Preissenkung von 1 % aufweisen. Die Begründung hierfür liefert das unterschiedliche Gewichtungsschema. Preissteigerungen bzw. Preissenkungen von einzelnen Gütern sind in ihrer Wirkung auf den Preisindex wesentlich von den entsprechenden Mengen, die zum Ansatz kommen, abhängig. Im vorliegenden Fall wirkt sich bei dem Preisindex nach Laspeyres die Preissteigerung von Korn durch das Gewicht von vier Flaschen besonders stark aus, während sich beim Preisindex nach Paasche die Preissenkung von Whisky durch das Gewicht von vier Flaschen besonders stark auswirkt.

Mengenindices

Mengenindices sollen die mengenmäßigen Veränderungen charakterisieren. Dazu ist es notwendig, den Einfluß von Preisänderungen auszuschalten. Dies wird dadurch erreicht, daß man für Basis- und Berichtsjahr die gleichen Preise ansetzt.

Wählt man die Gewichtungsfaktoren $w_i = q_i^o \cdot p_i^o$, so erhält man den sogenannten **Mengenindex nach Laspeyres,** der sich nach der Formel

$$I^m_{La,t_o,t} = \frac{\sum_{i=1}^{n} \frac{q_i^t}{q_i^o} \cdot q_i^o \cdot p_i^o}{\sum_{i=1}^{n} q_i^o \cdot p_i^o} \cdot 100 = \frac{\sum_{i=1}^{n} q_i^t \cdot p_i^o}{\sum_{i=1}^{n} q_i^o \cdot p_i^o} \cdot 100$$

berechnen läßt.

Wählt man die Gewichtungsfaktoren $w_i = q_i^o \cdot p_i^t$, so erhält man den sogenannten **Mengenindex nach Paasche**, der sich nach der Formel

$$I^m_{Pa,\, t_o,\, t} = \frac{\sum_{i=1}^{n} \frac{q_i^t}{q_i^o} \cdot q_i^o \cdot p_i^t}{\sum_{i=1}^{n} q_i^o \cdot p_i^t} \cdot 100 = \frac{\sum_{i=1}^{n} q_i^t \cdot p_i^t}{\sum_{i=1}^{n} q_i^o \cdot p_i^t} \cdot 100$$

berechnen läßt.

Beispiel 12.3

Für die Angaben in Abbildung 12.1 erhält man:

$$I^m_{La,73,75} = \frac{11 \cdot 1{,}40 + 4 \cdot 7{,}50 + 3 \cdot 14{,}50}{10 \cdot 1{,}40 + 4 \cdot 7{,}50 + 2 \cdot 14{,}50} \cdot 100 = \frac{88{,}90}{73{,}00} \cdot 100 = 121{,}8$$

$$I^m_{Pa,73,75} = \frac{11 \cdot 1{,}60 + 4 \cdot 8{,}50 + 3 \cdot 15{,}00}{10 \cdot 1{,}60 + 4 \cdot 8{,}50 + 2 \cdot 15{,}00} \cdot 100 = \frac{96{,}60}{80{,}00} \cdot 100 = 120{,}8$$

Im Gegensatz zu den Preisindices des Beispiels 12.2 liegen hier die Mengenindices nach Laspeyres und nach Paasche nahe beieinander.

Wertindex

Der Wertindex gibt an, wie sich die Ausgaben für eine Produktgruppe bezogen auf ein Basisjahr entwickelt haben. Dabei wird nicht sichtbar, welchen Anteil jeweils die Preisentwicklung und die Mengenentwicklung daran haben.

Der Wertindex läßt sich nach der Formel

$$I^w = \frac{\sum_{i=1}^{n} p_i^t \cdot q_i^t}{\sum_{i=1}^{n} p_i^o \cdot q_i^o} \cdot 100$$

berechnen.

Der Wertindex enthält im Zähler bzw. Nenner die Ausgaben, die notwendig sind, um die Menge des jeweiligen Berichtsjahres mit den Preisen des jeweiligen Berichtsjahres bzw. die Mengen des Basisjahres mit den Preisen des Basisjahres zu kaufen.

Beispiel 12.4

Für die Angaben in Abbildung 12.1 erhält man:

$$I^w_{73,74} = \frac{1{,}50 \cdot 10 + 8{,}20 \cdot 3 + 13{,}50 \cdot 4}{1{,}40 \cdot 10 + 7{,}50 \cdot 4 + 14{,}50 \cdot 2} \cdot 100 = \frac{93{,}60}{73{,}00} \cdot 100 = 128{,}2$$

$$I^w_{73,75} = \frac{1{,}60 \cdot 11 + 8{,}50 \cdot 4 + 15{,}00 \cdot 3}{1{,}40 \cdot 10 + 7{,}50 \cdot 4 + 14{,}50 \cdot 2} \cdot 100 = \frac{96{,}60}{73{,}00} \cdot 100 = 132{,}3$$

Zusammenhänge zwischen den Indices

Da sich Ausgaben als Produkt von Menge und Preis ergeben, läßt sich vermuten, daß diese Beziehung auch für Indices gilt, d. h.

Wertindex = Preisindex · Mengenindex.

Diese Beziehung gilt unter der Bedingung, daß sich Preis- und Mengenindex bei gleicher Basis im Gewichtungsschema unterscheiden. Es gilt die Beziehung:

$$I^{w} \cdot 100 = I^{p}_{La} \cdot I^{m}_{Pa} = I^{p}_{Pa} \cdot I^{m}_{La}$$

12.4 Umbasierung und Verkettung von Indexreihen

Häufig möchte man zwei Indexreihen miteinander vergleichen, die zu verschiedenen Basisjahren gebildet wurden.

Beispiel 12.5

Die Abbildung 12.2 enthält die Preisindices für die Lebenshaltung in den Ländern A und B in den Jahren 1973 bis 1980. Dabei ist 1975 das Basisjahr für die Preisindices von Land A und 1974 das Basisjahr für die Preisindices von Land B.

i	Jahr	Preisindex bzgl. Land A	Preisindex bzgl. Land B
1	1973	92	98
2	1974	96	100
3	1975	100	102
4	1976	105	105
5	1977	106	110
6	1978	108	112
7	1979	110	114
8	1980	112	118

Abbildung 12.2 Preisindices für die Lebenshaltung in den Ländern A und B in den Jahren 1973 bis 1980

Die Indexreihen beider Länder können nicht direkt miteinander verglichen werden, da beiden Reihen nicht dasselbe Basisjahr zugrunde liegt. Um beide Indexreihen vergleichbar zu machen, muß man sie auf das gleiche Basisjahr beziehen. Man nennt das Umrechnen einer Indexreihe auf eine andere Basis **Umbasierung.**

Möchte man eine Indexreihe, die zum Basisjahr t_o berechnet wurde, auf das Basisjahr t_1 umbasieren, so kann dies nach der Formel

$$I_{t_1, t} = \frac{I_{t_o, t}}{I_{t_o, t_1}} \cdot 100$$

erfolgen. Diese Formel gilt gleichermaßen für Preis-, Mengen- und Wertindices.

Beispiel 12.6

Die in Abbildung 12.2 angegebenen Preisindices für die Länder A und B werden vergleichbar, wenn man die Preisindices von Land B auf das Basisjahr der Preisindices von Land A umbasiert.

i	Jahr	Preisindex bzgl. Land A	Preisindex bzgl. Land B
1	1973	92	96,1
2	1974	96	98,0
3	1975	100	100,0
4	1976	105	102,9
5	1977	106	107,8
6	1978	108	109,8
7	1979	110	111,8
8	1980	112	115,7

Abbildung 12.3 Preisindices für die Lebenshaltung in den Ländern A und B in den Jahren 1973 bis 1980 nach Umbasierung der Indexreihe des Landes B

Bei der Berechnung von Preisindices nach Laspeyres ist es wegen veränderter Verbrauchergewohnheiten gelegentlich notwendig, das Gewichtungsschema durch Verwendung eines neuen Basisjahres zu aktualisieren. Es entsteht dann ein Bruch in der Indexreihe, wie das folgende Beispiel zeigt:

Beispiel 12.7

Die Abbildung 12.4 enthält die Preisindices für die Lebenshaltung von 1964 bis 1970 zum Basisjahr 1964 und von 1970 bis 1976 zum Basisjahr 1970.

i	Jahr	Preisindex bzgl. 1964	Preisindex bzgl. 1970
1	1964	100,0	
2	1965	103,4	
3	1966	105,6	
4	1967	108,2	
5	1968	110,5	
6	1969	113,2	
7	1970	116,4	100,0
8	1971		104,2
9	1972		107,3
10	1973		110,5
11	1974		112,9
12	1975		115,2
13	1976		118,6

Abbildung 12.4 Preisindices für die Lebenshaltung von 1964 bis 1976 mit Wechsel des Basisjahres

Man kann nun durch **Fortschreiben** der alten Indexreihe oder durch **Rückrechnung** der neuen Indexreihe beide Teilreihen zu einer gemeinsamen Reihe **verketten.**

Ist t_1 das Basisjahr der ersten Teilreihe und t_2 das Basisjahr der zweiten Teilreihe, so erhält man für die Verkettung der beiden Teilreihen folgende Formeln:

$$\text{Fortschreibung: } I_{t_1, t} = \frac{I_{t_1, t_2} \cdot I_{t_2, t}}{100}$$

$$\text{Rückrechnung: } I_{t_2, t} = \frac{I_{t_1, t}}{I_{t_1, t_2}} \cdot 100$$

Diese Formeln gelten gleichermaßen für Preis-, Mengen- und Wertindices.

Beispiel 12.8

Mit Hilfe dieser Formeln können die in Abbildung 12.4 angegebenen Teilreihen fortgeschrieben bzw. rückgerechnet werden. Die Ergebnisse dieser Operationen sind in der Abbildung 12.5 wiedergegeben, wobei die fortgeschriebenen bzw. rückgerechneten Werte unterstrichen sind.

i	Jahr	Preisindex bzgl. 1964	Preisindex bzgl. 1970
1	1964	100,0	**85,9**
2	1965	103,4	**88,8**
3	1966	105,6	**90,7**
4	1967	108,2	**93,0**
5	1968	110,5	**94,9**
6	1969	113,2	**97,3**
7	1970	116,4	100,0
8	1971	**121,3**	104,2
9	1972	**124,9**	107,3
10	1973	**128,6**	110,5
11	1974	**131,4**	112,9
12	1975	**134,1**	115,2
13	1976	**138,1**	118,6

Abbildung 12.5 Verkettung von Indexreihen mit unterschiedlichem Basisjahr

12.5 Problematik der Verwendung von Indices

In der Praxis hat man bei der Verwendung von Preis- und Mengenindices die Auswahl zwischen zwei verschiedenen Gewichtungsschemata, nämlich die nach Laspeyres und nach Paasche. Beide Ansätze haben Vor- und Nachteile, die im folgenden beispielhaft für Preisindices diskutiert werden.

Vor- und Nachteile des Index nach Laspeyres

1. Die Indices sind unmittelbar miteinander vergleichbar, da sie alle das gleiche Gewichtungsschema, nämlich das des Basisjahres, haben.
2. Sich ändernde Verbrauchsgewohnheiten machen in bestimmten Zeitabständen eine Anpassung des Gewichtungsschemas notwendig. Man erhält also keine fortlaufende Reihe über einen längeren Zeitraum.
3. Die durch die Aufnahme neuer Güter oder durch den Wegfall alter Güter bedingten Änderungen der Verbrauchsgewohnheiten lassen sich erst nach der nächsten Aktualisierung des Gewichtungsschemas berücksichtigen.

Vor- und Nachteile des Index nach Paasche

1. Da stets das aktuelle Gewichtungsschema verwendet wird, besteht die Problematik sich ändernder Verbrauchsgewohnheiten nicht.
2. Indexreihen lassen sich ohne störende Unterbrechungen beliebig lange fortführen.
3. Wegen sich ständig ändernder Gewichtungsschemata sind die Indices der einzelnen Berichtsjahre nur bedingt miteinander vergleichbar. Die Änderungen der Indices sind nicht mehr allein durch Preisänderungen, sondern auch durch Änderungen im Mengenschema bedingt.

Ein gemeinsamer Nachteil beider Indexformen besteht darin, daß Preiserhöhungen durch Inflation und Preiserhöhungen durch Produktverbesserungen nicht differenziert erfaßt werden können.

Aus dem Dilemma der Veralterung des Gewichtungsschemas beim Index nach Laspeyres und dem ständig wechselnden Gewichtungsschema beim Index nach Paasche hilft man sich in der Praxis folgendermaßen: Man berechnet in erster Linie wegen der Vergleichbarkeit der Indices den Index nach Laspeyres. Parallel dazu ermittelt man zu Kontrollzwecken auch den Index nach Paasche. Werden die Abweichungen zwischen den Werten beider Indexformen zu groß, so ist das ein Zeichen dafür, daß das Gewichtungsschema für die Berechnung des Index nach Laspeyres aktualisiert werden muß.

Eine weitere Problematik bei der Verwendung von Indices liegt in der vor allem internationalen Vergleichbarkeit von Indexzahlen. Man muß stets darauf achten, ob

1. den verschiedenen Indexreihen das gleiche Basisjahr zugrunde liegt;
2. vergleichbare Gewichtungsschemata zugrunde liegen. In verschiedenen Ländern werden häufig unterschiedliche Warenkörbe verwendet;

3. die verschiedenen Indexreihen nach der gleichen Indexformel berechnet wurden. Indexreihen nach Laspeyres und nach Paasche können nicht direkt miteinander verglichen werden;
4. Indexzahlen aus politischen Gründen fehlinterpretiert oder gar manipuliert wurden.

Aufgaben und Kontrollfragen

1. Worin besteht der Unterschied zwischen Meßzahlen und Indexzahlen?
2. Welche Bedeutung hat das Gewichtungsschema bei der Berechnung eines Index?
3. Worin besteht der Unterschied zwischen der Indexberechnung nach Laspeyres und nach Paasche?
4. Was versteht man unter Umbasierung eines Index?
5. Was versteht man unter Verkettung zweier Indexreihen?
6. Die folgende Tabelle enthält Preise und Verbrauchsmengen von Brennstoffen in einem Industriebetrieb:

Brennstoff	1968		1974	
	Preis	Verbrauch	Preis	Verbrauch
Heizkohle	60 DM/t	100 t	110 DM/t	200 t
Briketts	40 DM/t	50 t	60 DM/t	200 t
schweres Heizöl	80 DM/t	200 t	200 DM/t	300 t

Abbildung 12.6 Preise und Verbrauchsmengen von Brennstoffen in einem Industriebetrieb

Berechnen Sie aus diesen Angaben den

a) Wertindex

b) Preisindex nach Laspeyres

c) Preisindex nach Paasche

d) Mengenindex nach Laspeyres

e) Mengenindex nach Paasche

des Jahres 1974 zum Basisjahr 1968.

7. Die folgende Tabelle enthält die Preisindices nach Laspeyres für die Lebenshaltung aller privaten Haushalte in der Bundesrepublik von 1970 bis 1975 (Quelle: Statistisches Jahrbuch 1975; Wirtschaft und Statistik 2/1976, S. 446):

Jahr	Index
1970	100,0
1971	105,3
1972	111,1
1973	118,8
1974	127,1
1975	134,7

Abbildung 12.7 Preisindices für die Lebenshaltung aller privaten Haushalte in der Bundesrepublik von 1970 bis 1975

a) Um wieviel Prozent sind die Lebenshaltungskosten von 1970 bis 1974 gestiegen?

b) Um wieviel Prozent sind die Lebenshaltungskosten von 1974 bis 1975 gestiegen?

c) Führen Sie eine Umbasierung der Preisindices auf das Basisjahr 1975 durch.

Lösungen der Aufgaben und Kontrollfragen

2. Kapitel

1. Sachliche Abgrenzung: alle Personen, die eine Prüfung an einer deutschen Hochschule bestanden haben.

   Räumliche Abgrenzung: Bundesrepublik

   Zeitliche Abgrenzung: Untersuchungszeitraum, der vorher festgelegt werden muß.

2. Bestandsmassen (z. B. Einwohner einer Stadt, zugelassene Kraftfahrzeuge) werden zu bestimmten Zeitpunkten und Bewegungsmassen (z. B. Geburten, Bierverbrauch) werden für Zeiträume erfaßt.

3. a) Bewegungsmasse
   b) Bewegungsmasse
   c) Bestandsmasse
   d) Bewegungsmasse
   e) Bestandsmasse

4. a) Geburten, Todesfälle, Zugezogene, Weggezogene
   b) Gutschriften, Lastschriften
   c) Todesfälle, Neurentner

5. Die statistische Maßskala eines Merkmals bestimmt den Umfang der anwendbaren statistischen Verfahren.

6. a) Verhältnisskala
   b) Intervallskala
   c) Nominalskala
   d) Absolutskala
   e) Ordinalskala

7. a) diskret
   b) stetig
   c) diskret
   d) stetig

8. Wegen der begrenzten Genauigkeit von Meßinstrumenten kann man stetige Merkmale nicht beliebig fein, sondern nur diskret erfassen.

9. a) häufbar
   b) nichthäufbar
   c) häufbar
   d) häufbar
   e) nichthäufbar

3. Kapitel

1. Mündliche Befragung, schriftliche Befragung, Beobachtung, Experiment, automatische Erfassung.

2. Die wichtigsten Träger der amtlichen Statistik sind
   - Statistisches Bundesamt,
   - Statistische Landesämter,
   - statistische Ämter der Städte,
   - Ministerien des Bundes und der Länder,
   - Bundesanstalt für Arbeit.

   Die wichtigsten Veröffentlichungen der amtlichen Statistik sind
   - das Statistische Jahrbuch für die Bundesrepublik Deutschland,
   - die Zeitschrift „Wirtschaft und Statistik“,
   - der Statistische Wochendienst.

3. Träger der nichtamtlichen Statistik sind z. B.
   - Wirtschaftsverbände,
   - Arbeitgeber- und Arbeitnehmerorganisationen,
   - wirtschaftswissenschaftliche Institute,
   - Markt- und Meinungsforschungsinstitute,
   - Unternehmen.

4. Die Vorteile der amtlichen Statistik gegenüber der nichtamtlichen Statistik liegen in der größeren Objektivität und Vollständigkeit der Daten. Die Vorteile der nichtamtlichen Statistik gegenüber der amtlichen Statistik liegen in der schnelleren Verfügbarkeit und Aktualität der Daten.

5. Lesen Sie nochmals Abschnitt 3.4.

4. Kapitel

1. a)

Nr. i	x_i	h_i	f_i	H_i	F_i
1	4	6	0,150	6	0,150
2	5	9	0,225	15	0,375
3	6	12	0,300	27	0,675
4	7	8	0,200	35	0,875
5	8	5	0,125	40	1,000

b)

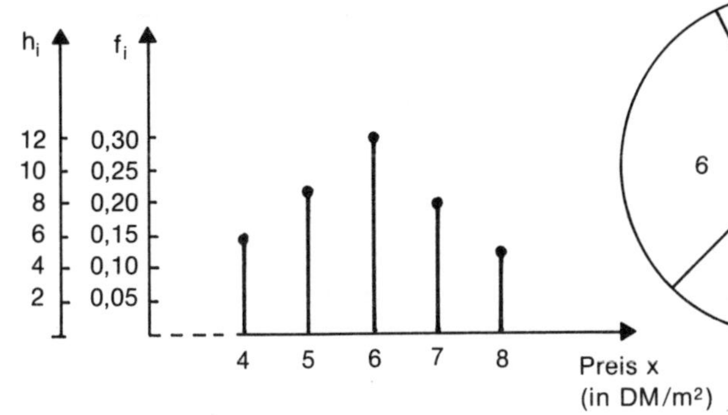

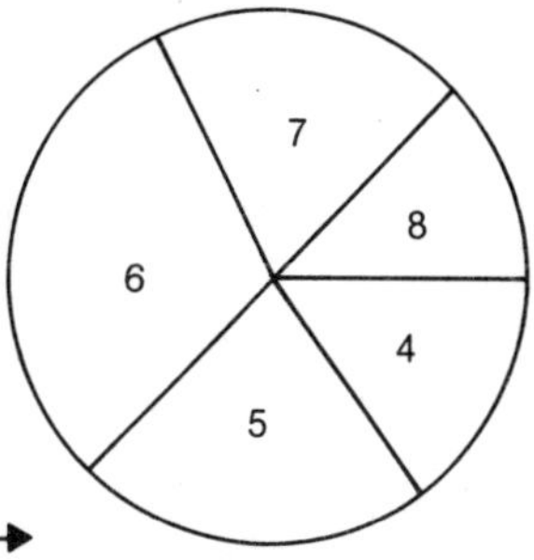

c)

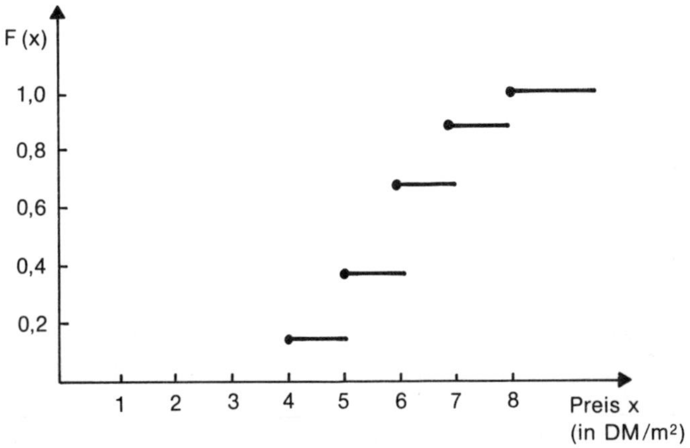

2. a)

Klasse Nr. i	Klassenbreite (in Stunden)	h_i^*	f_i^*	H_i^*	F_i^*
1	$x \leq 100$	1	0,01	1	0,01
2	$100 < x \leq 500$	24	0,24	25	0,25
3	$500 < x \leq 1000$	45	0,45	70	0,70
4	$1000 < x \leq 2000$	30	0,30	100	1,00

b)

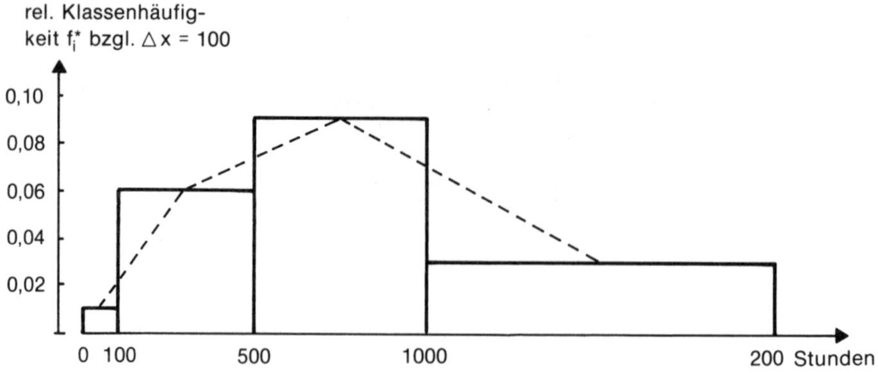

c)

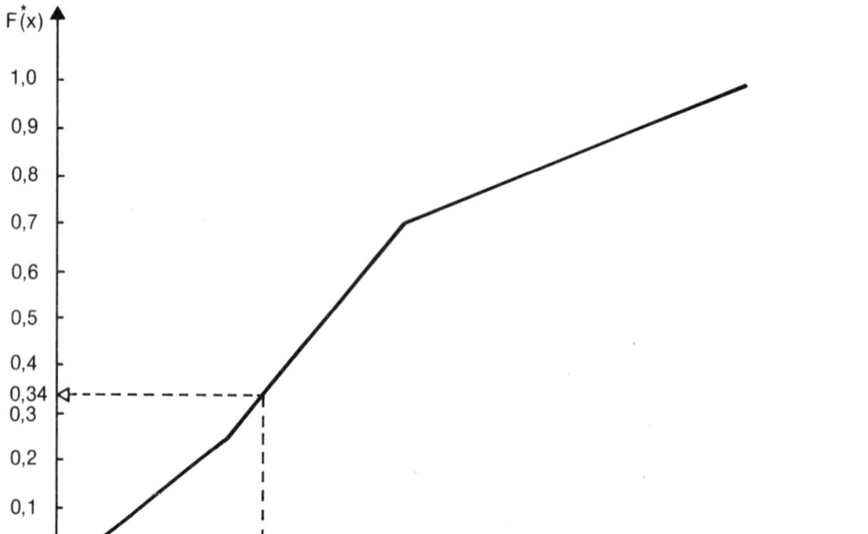

3. Mit einer Klasseneinteilung verfolgt man das Ziel, die Struktur der Häufigkeitsverteilung möglichst deutlich zu machen.

4. Vergleichen Sie Ihre Beispiele mit den Verteilungsformen der Abbildung 4.14.

5. Kapitel

1. $\bar{x}_D = 15$

$\bar{x}_Z = a_{\frac{n+1}{2}} = a_{13} = x_2 = 15$

$\bar{x} = \sum_{i=1}^{k} f_i x_i = 0{,}24 \cdot 14 + 0{,}40 \cdot 15 + 0{,}20 \cdot 16 + 0{,}16 \cdot 17 = 15{,}28$

2. $w = 17 - 14 = 3$

$d = \sum_{i=1}^{k} f_i |x_i - \bar{x}_Z| = 0{,}24 \cdot |14 - 15| + 0{,}40 \cdot |15 - 15| + 0{,}20 \cdot |16 - 15| + 0{,}16 \cdot |17 - 15| = 0{,}24 \cdot 1 + 0{,}40 \cdot 0 + 0{,}20 \cdot 1 + 0{,}16 \cdot 2 = = 0{,}76$

$s^2 = \sum_{i=1}^{k} f_i (x_i - \bar{x})^2 = 0{,}24 \cdot (14 - 15{,}28)^2 + 0{,}40 \cdot (15 - 15{,}28)^2 + 0{,}20 \cdot (16 - 15{,}28)^2 + 0{,}16 \cdot (17 - 15{,}28)^2 = 0{,}24 \cdot 1{,}6384 + 0{,}40 \cdot 0{,}0784 + 0{,}20 \cdot 0{,}5184 + 0{,}16 \cdot 2{,}9584 = 1{,}0016$

$s = 1{,}0008$

3. Der Median fällt in die 3. Klasse. Es gilt also:

$$\bar{x}_Z = x_3^u + \frac{0{,}5 - F(x_3^u)}{F(x_3^o) - F(x_3^u)} (x_3^o - x_3^u) = 49 + \frac{0{,}50 - 0{,}20}{0{,}52 - 0{,}20} (64 - 49) = 63{,}06$$

4. $1 + r = \sqrt[5]{(1 + 0{,}02)(1 + 0{,}03)(1 + 0{,}03)(1 + 0{,}05)(1 + 0{,}04)} = \sqrt[5]{1{,}1817} = 1{,}0339$

Die durchschnittliche Zuwachsrate beträgt $r = 3{,}39\,\%$.

5. Preise in DM:

$\bar{x} = \frac{1}{6}(8{,}00 + 8{,}40 + 7{,}60 + 7{,}80 + 8{,}00 + 8{,}20) = 8{,}00$

$s^2 = \frac{1}{6}((8{,}00 - 8{,}00)^2 + (8{,}40 - 8{,}00)^2 + (7{,}60 - 8{,}00)^2 + (7{,}80 - 8{,}00)^2 + (8{,}00 - 8{,}00)^2 + (8{,}20 - 8{,}00)^2) = \frac{1}{6}(0{,}00 + 0{,}16 + 0{,}16 + 0{,}04 + 0{,}00 + 0{,}04) = 0{,}0667$

$s = 0{,}2582$

$v = \frac{s}{\bar{x}} = \frac{0{,}2582}{8{,}00} = 0{,}0323$

Preise in US-Dollar:

$\bar{x} = \frac{1}{6}(4{,}00 + 4{,}20 + 3{,}80 + 3{,}90 + 4{,}00 + 4{,}10) = 4{,}00$

$s^2 = \frac{1}{6}((4{,}00 - 4{,}00)^2 + (4{,}20 - 4{,}00)^2 + (3{,}80 - 4{,}00)^2 + (3{,}90 - 4{,}00)^2 + (4{,}00 - 4{,}00)^2 + (4{,}10 - 4{,}00)^2) =$
$\frac{1}{6}(0{,}00 + 0{,}04 + 0{,}04 + 0{,}01 + 0{,}00 + 0{,}01) = 0{,}0167$

$s = 0{,}1291$

$$v = \frac{s}{\bar{x}} = \frac{0{,}1291}{4{,}00} = 0{,}0323$$

Man erkennt, daß der Wert des arithmetischen Mittels und der Standardabweichung von der Dimension abhängt. Der Variationskoeffizient als dimensionslose Zahl ist in beiden Fällen gleich.

6. symmetrisch, eingipflig: $\bar{x} = \bar{x}_Z$
   rechts steil, links schief: $\bar{x} < \bar{x}_Z$
   links steil, rechts schief: $\bar{x} > \bar{x}_Z$
   symmetrisch, mehrgipflig: $\bar{x} = \bar{x}_Z$
   symmetrisch, steilgipflig: s klein
   symmetrisch, flachgipflig: s groß

7. Wegen der Minimumeigenschaft des Medians bzw. des arithmetischen Mittels besteht eine natürliche Zuordnung zwischen Median und mittlerer absoluter Abweichung bzw. zwischen arithmetischem Mittel und Standardabweichung.

8. Schiefe $= m_3(\bar{x}) = \sum_{i=1}^{k} f_i (x_i - \bar{x})^3$

   Wegen $\bar{x} = 15{,}28$ (s. Aufgabe 1) erhält man:

   $m_3(\bar{x}) = 0{,}24 \cdot (14 - 15{,}28)^3 + 0{,}40 \cdot (15 - 15{,}28)^3 + 0{,}20 \cdot (16 - 15{,}28)^3 + 0{,}16 \cdot (17 - 15{,}28)^3 = 0{,}24 \cdot 2{,}10 + 0{,}40 \cdot 0{,}02 + 0{,}20 \cdot 0{,}37 + 0{,}16 \cdot 5{,}09 = 1{,}40$

   Wegen $m_3(\bar{x}) > 0$ handelt es sich um eine rechts schiefe Häufigkeitsverteilung.

9.

i	x_i	h_i	$h_i x_i$	f_i	$\sum_{j=1}^{i} h_j x_j$	F_i	S_i
1	0	9	0	0,30	0	0,30	0,00
2	5	6	30	0,20	30	0,50	0,15
3	8	6	48	0,20	78	0,70	0,39
4	10	6	60	0,20	138	0,90	0,70
5	20	3	60	0,10	198	1,00	1,00
	Σ	30	198	1,00			

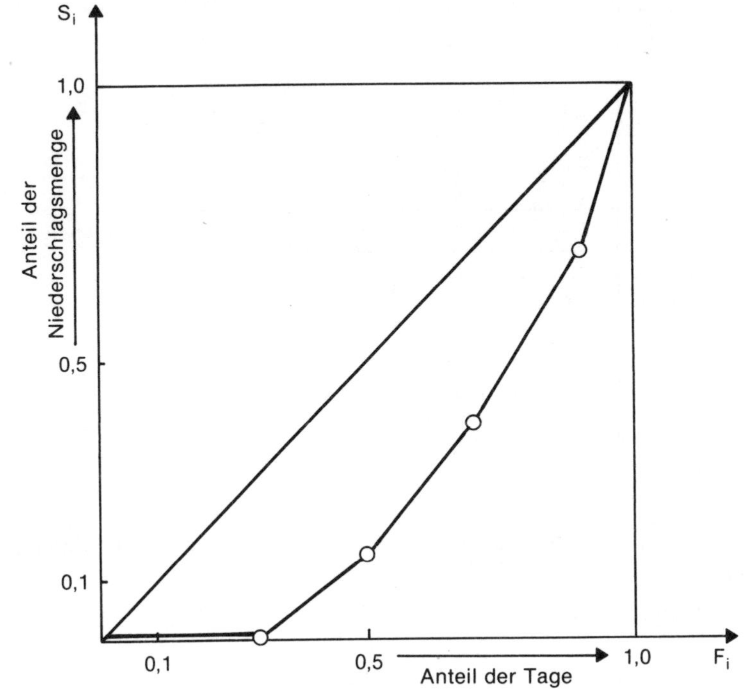

$$G = 1 - \sum_{i=1}^{k} f_i (S_i + S_{i-1}) = 1 - (0{,}30 \cdot (0{,}00 + 0{,}00) + 0{,}20 \cdot (0{,}15 + 0{,}00) + 0{,}20 \cdot (0{,}39 + 0{,}15) + 0{,}20 \cdot (0{,}70 + 0{,}39) + 0{,}10 \cdot (1{,}00 + 0{,}70) = 1 - (0{,}000 + 0{,}030 + 0{,}108 + 0{,}218 + 0{,}170) = 1 - 0{,}391 = 0{,}609$$

6. Kapitel

1. a)

Familienstand \ Religion	ev.	rk.	sonst.	Σ
ledig	115	80	5	200
verheiratet	360	225	15	600
verwitwet	55	40	5	100
geschieden	70	30	0	100
Σ	600	375	25	1000

b)

Religion / Familienstand	ev.	rk.	sonst.	Σ
ledig	0,115	0,080	0,005	0,200
verheiratet	0,360	0,225	0,015	0,600
verwitwet	0,055	0,040	0,005	0,100
geschieden	0,070	0,030	0,000	0,100
Σ	0,600	0,375	0,025	1,000

c)

Familienstand	h_i	f_i
ledig	115	0,192
verheiratet	360	0,600
verwitwet	55	0,092
geschieden	70	0,117

d) Anteil $= \frac{115}{200} = 0{,}575$

Es handelt sich um eine relative bedingte Häufigkeit bzgl. der Bedingung „Familienstand = ledig".

e) Anteil $= \frac{600}{1000} = 0{,}600$

Es handelt sich um eine relative Häufigkeit bzgl. der Randverteilung des Merkmals *Familienstand.*

f) Anteil $= \frac{70}{1000} = 0{,}070$

Es handelt sich um eine relative Häufigkeit bzgl. beider Merkmale.

g) Das Merkmal *Familienstand* ist nur nominalskaliert. Der Median ist nur für mindestens ordinalskalierte Merkmale definiert.

h) Merkmal *Familienstand:* $\bar{x}_D$ = verheiratet
Merkmal *Religionszugehörigkeit:* $\bar{x}_D$ = evangelisch

i) Wegen $f_{11} = 0{,}115 \neq f_{1.} \cdot f_{.1} = 0{,}200 \cdot 0{,}600 = 0{,}120$ sind die beiden Merkmale abhängig.

2. a)

Kfz-Typ / Region	PKW	LKW	Omnibus	Σ
A	**150**	**100**	50	**300**
B	200	**100**	100	400
C	150	100	**50**	**300**
Σ	**500**	**300**	**200**	**1000**

(Die fett gedruckten Werte in der Tabelle entsprechen unmittelbar den Angaben in der Aufgabe.)

Kfz-Typ / Region	PKW	LKW	Omnibus	Σ
A	0,15	0,10	0,05	0,30
B	0,20	0,10	0,10	0,40
C	0,15	0,10	0,05	0,30
Σ	0,50	0,30	0,20	1,00

b)

Kfz-Typ	h_i	f_i
PKW	150	0,500
LKW	100	0,333
Omnibus	50	0,167

c)

Region	h_i	f_i
A	150	0,300
B	200	0,400
C	150	0,300

d) Kfz-Typ: $\bar{y}_D$ = PKW
Region: $\bar{x}_D$ = Region B

e) Wegen $f_{22} = 0{,}10 \neq f_{2.} \cdot f_{.2} = 0{,}40 \cdot 0{,}30 = 0{,}12$ sind die beiden Merkmale abhängig.

3. a)

X \ Y	3	4	Σ
2	8	12	20
3	6	9	15
Σ	14	21	35

b)

x_i (Y = 3)	h_i	f_i
2	8	0,57
3	6	0,43

x_i (Y = 4)	h_i	f_i
2	12	0,57
3	9	0,43

y_i (X = 2)	h_i	f_i
3	8	0,40
4	12	0,60

y_i (X = 3)	h_i	f_i
3	6	0,40
4	9	0,60

Man erkennt die Unabhängigkeit beider Merkmale daran, daß die relativen Häufigkeiten der bedingten Verteilungen des einen Merkmals unabhängig vom Wert des anderen Merkmals sind.

7. Kapitel

1. In der Regressionsanalyse verfolgt man das Ziel, die Tendenz des Zusammenhangs zwischen zwei metrischen Merkmalen durch eine mathematische Funktion $y = f(x)$ zu beschreiben. In der Korrelationsanalyse verfolgt man das Ziel, die Stärke des Zusammenhangs zwischen zwei Merkmalen durch eine geeignete Maßzahl zu beschreiben.

2. Nach dem Kriterium der kleinsten Quadrate wird von allen denkbaren Funktionen eines vorgegebenen Funktionstyps diejenige als Regressionsfunktion angesehen, bei der die Summe der quadrierten Abstände der Beobachtungspunkte von der Funktion minimal wird. Dabei werden die Abstände achsenparallel zur y-Achse gemessen (s. Abbildung 7.2).

3. a)

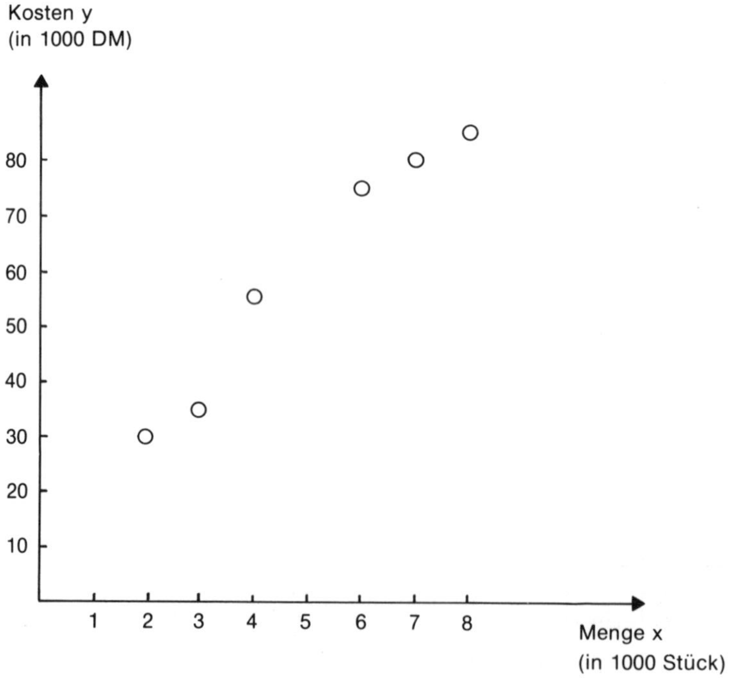

Zwischen der Ausbringungsmenge und den Gesamtkosten besteht offensichtlich ein Zusammenhang vom linearen Typ.

b)

i	x_i	y_i	x_i^2	x_iy_i
1	2	30	4	60
2	3	35	9	105
3	4	55	16	220
4	6	75	36	450
5	7	80	49	560
6	8	85	64	680
Σ	30	360	178	2075

$$a = \frac{6 \cdot 2075 - 30 \cdot 360}{6 \cdot 178 - 30^2} = \frac{12450 - 10800}{1068 - 900} = \frac{1650}{168} = 9{,}82$$

$$b = \frac{178 \cdot 360 - 30 \cdot 2075}{6 \cdot 178 - 30^2} = \frac{64080 - 62250}{1068 - 900} = \frac{1830}{168} = 10{,}89$$

Man erhält also die Regressionsgerade $y = 9{,}82\,x + 10{,}89$.

c) a = variable Kosten; b = Fixkosten

d)

i	x_i	y_i	$x_i - \bar{x}$	$y_i - \bar{y}$	$(x_i - \bar{x})^2$	$(y_i - \bar{y})^2$	$(x_i - \bar{x})(y_i - \bar{y})$
1	2	30	-3	-30	9	900	90
2	3	35	-2	-25	4	625	50
3	4	55	-1	-5	1	25	5
4	6	75	1	15	1	225	15
5	7	80	2	20	4	400	40
6	8	85	3	25	9	625	75
Σ	30	360			28	2800	275
	$\bar{x} = 5$	$\bar{y} = 60$					

Für den Korrelationskoeffizienten erhält man demnach

$$r = \frac{275}{\sqrt{28} \cdot \sqrt{2800}} = \frac{275}{280} = 0{,}98.$$

Zwischen der Ausbringungsmenge und den Gesamtkosten besteht also ein sehr starker positiver linearer Zusammenhang.

e) $y(5) = 9{,}82 \cdot 5 + 10{,}89 = 59{,}99$

Der Ausbringungsmenge von 5000 Stück entsprechen Gesamtkosten in Höhe von 59990 DM.

4. Die Berechnung der Regressionsfunktion vereinfacht sich, wenn man 1976 = 1, 1977 = 2 usw. setzt.

i	x_i	x_i^2	y_i	$y_i^* = \log y_i$	$x_i y_i^*$
1	1	1	4,00	0,6021	0,6021
2	2	4	4,05	0,6075	1,2150
3	3	9	4,12	0,6149	1,8447
4	4	16	4,21	0,6243	2,4972
5	5	25	4,32	0,6355	3,1775
Σ	15	55		3,0843	9,3365

$$\log a = \frac{5 \cdot 9{,}3365 - 15 \cdot 3{,}0843}{5 \cdot 55 - 15^2} = \frac{46{,}6825 - 46{,}2645}{275 - 225} = \frac{0{,}4180}{50} = 0{,}0084$$

$$\log b = \frac{3{,}0843 \cdot 55 - 15 \cdot 9{,}3365}{5 \cdot 55 - 15^2} = \frac{169{,}6365 - 140{,}0475}{275 - 225} = \frac{29{,}5890}{50} = 0{,}5918$$

$a = 10^{\log a} = 1{,}02$; $b = 10^{\log b} = 3{,}91$

Man erhält also die exponentielle Trendfunktion $y = 3{,}91 \cdot 1{,}02^x$.

Als Prognosewert für das Jahr 1985 (i = 10) erhält man gemäß
$y(10) = 3{,}91 \cdot 1{,}02^{10} = 4{,}77$
als Erdbevölkerung 4,77 Mrd.

5. Bei einem formalen Zusammenhang ohne sachliche Beziehung der Merkmale spricht man von Scheinkorrelation.

6.

Abiturient	Abiturnote x_i	Testergebnis y_i	Rg (x_i)	Rg (y_i)	$d_i = \text{Rg}(x_i) - \text{Rg}(y_i)$	d_i^2
A	3,2	65	8	8	0	0
B	2,6	70	4	6	−2	4
C	1,8	80	2	1	1	1
D	2,9	75	6	4	2	4
E	1,6	72	1	5	−4	16
F	3,1	78	7	2	5	25
G	2,8	76	5	3	2	4
H	2,1	68	3	7	−4	16
					Σ	70

Für den Rangkorrelationskoeffizienten erhält man demnach

$$r_S = 1 - \frac{6 \cdot 70}{8 \cdot (8^2 - 1)} = 1 - \frac{420}{504} = 0{,}17.$$

Zwischen der Abiturnote und dem Testergebnis besteht eine schwache positive Korrelation.

7.

Geschlecht \ Erfolg	bestanden	nicht bestanden	Σ
männlich	50	15	65
weiblich	30	5	35
Σ	80	20	100

Für die mittlere quadratische Kontingenz erhält man demnach

$$C = \frac{50^2}{65 \cdot 80} + \frac{15^2}{65 \cdot 20} + \frac{30^2}{35 \cdot 80} + \frac{5^2}{35 \cdot 20} - 1 =$$

$$= 0{,}48 + 0{,}17 + 0{,}32 + 0{,}04 - 1 = 0{,}01$$

8. Kapitel

1. Die Zuordnung der Bestände zu den einzelnen Zeitpunkten heißt Bestandsfunktion.

2. Eine Bestandsmasse heißt abgeschlossen, wenn vor einem Zeitpunkt t′ kein Zugang und nach einem Zeitpunkt t″ kein Abgang liegt. Eine Bestandsmasse, die nicht abgeschlossen ist, heißt offen.

3. Der Durchschnittsbestand ist die durchschnittliche Anzahl der statistischen Einheiten, die in dem betrachteten Zeitraum zu der Bestandsmasse gehört haben. Die mittlere Verweildauer gibt an, wie lange die einzelnen statistischen Einheiten innerhalb des betrachteten Zeitraums im Mittel in der Bestandsmasse verweilen. Die Umschlagshäufigkeit eines Bestandes in einem Zeitintervall gibt die mittlere Anzahl der Erneuerungen des Bestandes in dem Zeitintervall an.

4. a) Es handelt sich um eine offene Bestandsmasse.

b)

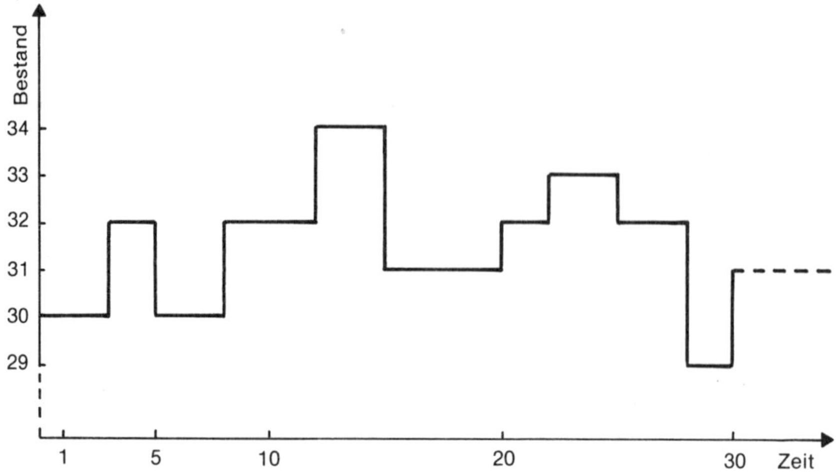

c) Zugangsquote = 13; Abgangsquote = 12

d) $B_{\varnothing} = \frac{1}{30}\left(\frac{1}{2} \cdot 30 + 2 \cdot 30 + 2 \cdot 32 + 3 \cdot 30 + 4 \cdot 32 + 3 \cdot 34 + 5 \cdot 31 + 2 \cdot 32 + 3 \cdot 33 + 3 \cdot 32 + 2 \cdot 29 + \frac{1}{2} \cdot 31\right) = \frac{946{,}5}{30} = 31{,}55$

e) $d = \frac{2 \cdot 31{,}55 \cdot 30}{12 + 13} = \frac{1893}{25} = 75{,}72$

f) $U = \frac{30}{75{,}72} = 0{,}40$

9. Kapitel

1. Bei einer Zeitreihe handelt es sich um eine Reihe von Werten eines Merkmals, die zu verschiedenen Zeitpunkten bzw. zu verschiedenen Zeiträumen erhoben wurden.

2. Bei Bestandsmassen werden die Werte der Zeitreihe zu verschiedenen Zeitpunkten und bei Bewegungsmassen für verschiedene Zeiträume erhoben.

3. Unter den Komponenten einer Zeitreihe versteht man die verschiedenen Einflußfaktoren, aus denen man sich eine Zeitreihe zusammengesetzt denken kann. Die wichtigsten Komponenten, die vor allem bei ökonomischen Größen auftreten, sind die Trendkomponente, die konjunkturelle Komponente, die saisonale Komponente und die Restkomponente.

4. Bei der Methode der gleitenden Durchschnitte wird eine Glättung der Zeitreihe dadurch angestrebt, daß man den einzelnen Zeitpunkten bzw. Zeiträumen Durchschnitte benachbarter Werte der Zeitreihe zuordnet. Mit der Durchschnittsbildung verfolgt man das Ziel, einen Ausgleich zwischen positiven und negativen Einflüssen der Restkomponente und gegebenenfalls der saisonalen Komponente zu bewirken, so daß als Ergebnis die Trendkomponente bzw. die glatte Komponente übrigbleibt.

5. Nachteile der Methode der gleitenden Durchschnitte bestehen darin, daß
   - die geglättete Zeitreihe kürzer ist als die ursprüngliche und
   - der Trend nicht durch ein allgemeines Gesetz in Form einer Funktionsgleichung beschrieben wird, sondern nur durch einzelne Trendwerte gegeben ist.

6. Die Ermittlung der Trendfunktion nach der Methode der kleinsten Quadrate geschieht durch Anwendung der Regressionsanalyse auf Zeitreihen. Dabei ist zu beachten, daß die Werte x_i des Merkmals X durch die Zeitpunkte bzw. Zeiträume t_i gegeben sind.

7. a)

Jahr	Anzahl (in 1000)	Gleitende Durchschnitte 3. Ordnung	Gleitende Durchschnitte 4. Ordnung
1965	59		
1966	59	60,3	
1967	63	62,3	63,3
1968	65	67,0	67,3
1969	73	71,7	71,8
1970	77	77,0	76,8
1971	81	81,7	81,6
1972	87	86,0	
1973	90		

b)

i	t_i	x_i	t_i^2	$t_i x_i$
1	1	59	1	59
2	2	59	4	118
3	3	63	9	189
4	4	65	16	260
5	5	73	25	365
6	6	77	36	462
7	7	81	49	567
8	8	87	64	696
9	9	90	81	810
Σ	45	654	285	3526

$$a = \frac{9 \cdot 3526 - 45 \cdot 654}{9 \cdot 285 - 45^2} = \frac{31734 - 29430}{2565 - 2025} = \frac{2304}{540} = 4{,}27$$

$$b = \frac{285 \cdot 654 - 45 \cdot 3526}{9 \cdot 285 - 45^2} = \frac{186390 - 158670}{2565 - 2025} = \frac{27720}{540} = 51{,}33$$

Man erhält also die lineare Trendfunktion $x = 4{,}27\,t + 51{,}33$.

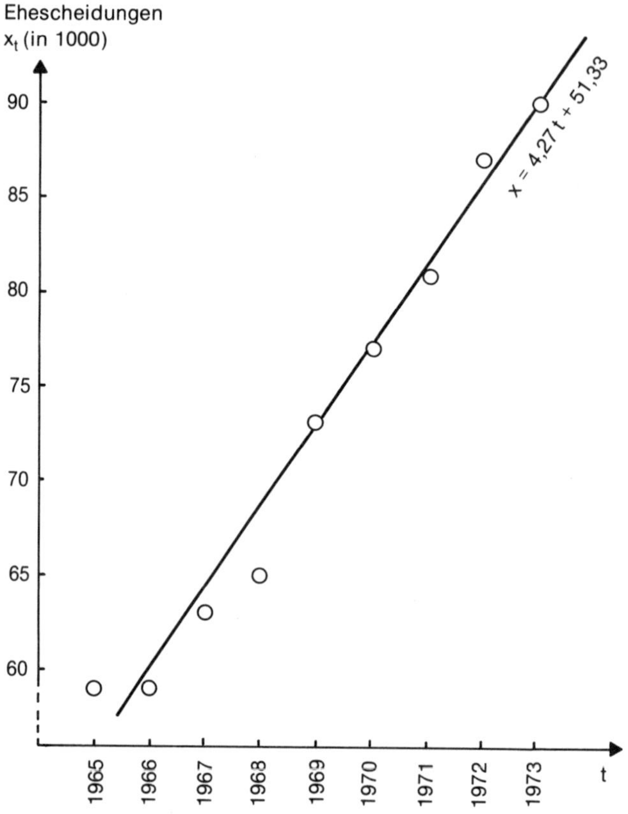

c) Als Prognosewert für das Jahr 1976 (i = 12) erhält man gemäß
$y(12) = 4{,}27 \cdot 12 + 51{,}33 = 102{,}57$
102 570 Ehescheidungen.

10. Kapitel

1. Prognoseverfahren lassen sich nach dem Informationsgehalt ihrer Aussagen und nach den in den Prognoseansatz eingehenden Größen klassifizieren. Nach dem Informationsgehalt unterscheidet man zwischen qualitativen und quantitativen Prognosen. Nach dem Prognoseansatz unterscheidet man zwischen unbedingten und bedingten Prognosen.

2. $\hat{x}_{t+1} = x_t$; $\hat{x}_{t+1} = x_t + (x_t - x_{t-1})$; $\hat{x}_{t+1} = x_t \cdot \frac{x_t}{x_{t-1}}$

3. Bei der Trendextrapolation wird der Prognosewert für den in der Zukunft liegenden Zeitpunkt bzw. Zeitraum t durch Einsetzen in die Trendfunktion $\hat{x} = f(t)$ ermittelt. Dabei wird die Trendfunktion nach der Methode der gleitenden Durchschnitte ermittelt.

4. Bei der Zeitreihenprognose wird der extrapolierte Trend durch Fortschreiben der saisonalen Schwankungen überlagert.

5. Bei der exponentiellen Glättung wird der Prognosewert für den jeweils nächsten Zeitpunkt bzw. Zeitraum $t+1$ als gewogenes arithmetisches Mittel aus dem Merkmalswert x_t und dem Prognosewert $\hat{x}_t$ nach der Formel
$$\hat{x}_{t+1} = \alpha x_t + (1 - \alpha)\,\hat{x}_t,\ 0 < \alpha < 1$$
ermittelt.

6. Fehlerquellen bei der Anwendung von Prognoseverfahren sind
   - ein formal falscher Ansatz bei Zeitreihenprognosen,
   - Fehler bei der Datenerhebung und Rechenfehler,
   - unvorhergesehene Strukturbrüche.

7. $\hat{x}_{t+1} = x_t$: $\hat{x}_{74} = x_{73} = 90\,000$ Ehescheidungen.

   $\hat{x}_{t+1} = x_t + (x_t - x_{t-1})$: $\hat{x}_{74} = x_{73} + (x_{73} - x_{72}) =$
   $90\,000 + (90\,000 - 87\,000) = 93\,000$ Ehescheidungen

   $x_{t+1} = x_t \cdot \frac{x_t}{x_{t-1}}$: $\hat{x}_{74} = x_{73} \cdot \frac{x_{73}}{x_{72}} = 90\,000 \cdot \frac{90\,000}{87\,000} =$
   $93\,103$ Ehescheidungen

8. a) Zunächst wird für die in Abbildung 10.9 angegebene Zeitreihe eine lineare Trendfunktion ermittelt.

i	t_i	x_i	t_i^2	$t_i x_i$
1	1	14	1	14
2	2	6	4	12
3	3	4	9	12
4	4	13	16	52
5	5	12	25	60
6	6	5	36	30
7	7	4	49	28
8	8	12	64	96
9	9	11	81	99
10	10	5	100	50
11	11	4	121	44
12	12	12	144	144
Σ	78	102	650	641

$$a = \frac{12 \cdot 641 - 78 \cdot 102}{12 \cdot 650 - 78^2} = \frac{7692 - 7956}{7800 - 6084} = -\frac{264}{1716} = -0{,}15$$

$$b = \frac{650 \cdot 102 - 78 \cdot 641}{12 \cdot 650 - 78^2} = \frac{66\,300 - 49\,998}{7800 - 6084} = \frac{16\,302}{1716} = 9{,}50$$

Man erhält also die lineare Trendfunktion $x = -0{,}15\,t + 9{,}50$.

Die Quartalsschwankungen werden fortgeschrieben mit Hilfe der arithmetischen Mittel der Schwankungen zugeordneter Quartale der drei Jahre.

Jahr	Quartal t	Anzahl der Hausschlachtungen x_t (in 100 000)	Trendkomponente (in 100 000)	Quartalsschwankungen (in 100 000)	Prognosewert (in 100 000)
1	1	14	9,35	4,65	
	2	6	9,20	-3,20	
	3	4	9,05	-5,05	
	4	13	8,90	4,10	
2	5	12	8,75	3,25	
	6	5	8,60	-3,60	
	7	4	8,45	-4,45	
	8	12	8,30	3,70	
3	9	11	8,15	2,85	
	10	5	8,00	-3,00	
	11	4	7,85	-3,85	
	12	12	7,70	4,30	
4	13		7,55	3,58	11,13
	14		7,40	-3,27	4,13
	15		7,25	-4,45	2,80
	16		7,10	4,03	11,13

b)

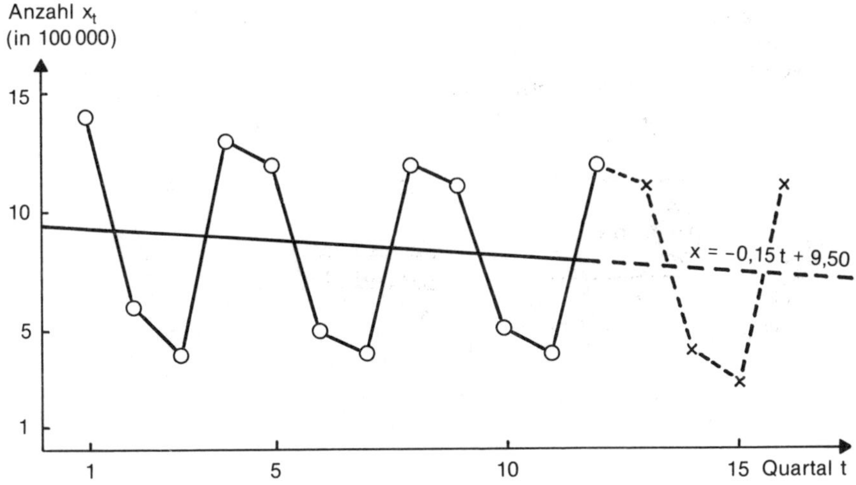

c)

t	x_t	$\hat{x}_t$ für α = 0,8	$\hat{x}_t$ für α = 0,3
1	14,0	10,0	10,0
2	6,0	$\hat{x}_2$ = 0,8 · 14,0 + 0,2 · 10,0 = 13,2	$\hat{x}_2$ = 0,3 · 14,0 + 0,7 · 10,0 = 11,2
3	4,0	$\hat{x}_3$ = 0,8 · 6,0 + 0,2 · 13,2 = 7,4	$\hat{x}_3$ = 0,3 · 6,0 + 0,7 · 11,2 = 9,6
4	13,0	$\hat{x}_4$ = 0,8 · 4,0 + 0,2 · 7,4 = 4,7	$\hat{x}_4$ = 0,3 · 4,0 + 0,7 · 9,6 = 7,9
5	12,0	$\hat{x}_5$ = 0,8 · 13,0 + 0,2 · 4,7 = 11,3	$\hat{x}_5$ = 0,3 · 13,0 + 0,7 · 7,9 = 9,4
6	5,0	$\hat{x}_6$ = 0,8 · 12,0 + 0,2 · 11,3 = 11,9	$\hat{x}_6$ = 0,3 · 12,0 + 0,7 · 9,4 = 10,2
7	4,0	$\hat{x}_7$ = 0,8 · 5,0 + 0,2 · 11,9 = 6,4	$\hat{x}_7$ = 0,3 · 5,0 + 0,7 · 10,2 = 8,6
8	12,0	$\hat{x}_8$ = 0,8 · 4,0 + 0,2 · 6,4 = 4,5	$\hat{x}_8$ = 0,3 · 4,0 + 0,7 · 8,6 = 7,2
9	11,0	$\hat{x}_9$ = 0,8 · 12,0 + 0,2 · 4,5 = 10,5	$\hat{x}_9$ = 0,3 · 12,0 + 0,7 · 7,2 = 8,6
10	5,0	$\hat{x}_{10}$ = 0,8 · 11,0 + 0,2 · 10,5 = 10,9	$\hat{x}_{10}$ = 0,3 · 11,0 + 0,7 · 8,6 = 9,3
11	4,0	$\hat{x}_{11}$ = 0,8 · 5,0 + 0,2 · 10,9 = 6,2	$\hat{x}_{11}$ = 0,3 · 5,0 + 0,7 · 9,3 = 8,0
12	12,0	$\hat{x}_{12}$ = 0,8 · 4,0 + 0,2 · 6,2 = 4,4	$\hat{x}_{12}$ = 0,3 · 4,0 + 0,7 · 8,0 = 6,8
13		$\hat{x}_{13}$ = 0,8 · 12,0 + 0,2 · 4,4 = 10,5	$\hat{x}_{13}$ = 0,3 · 12,0 + 0,7 · 6,8 = 8,4

d) 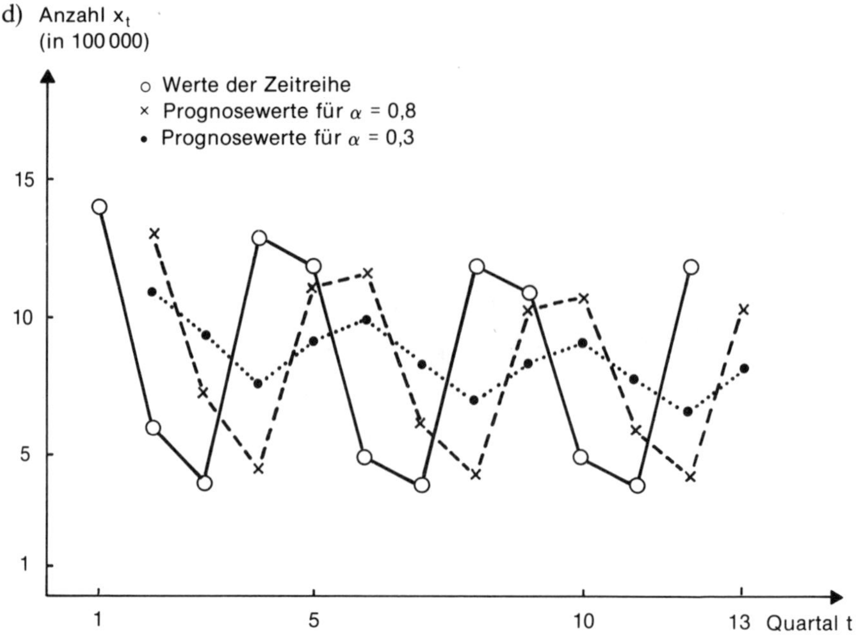

11. Kapitel

1. $$\text{Verhältniszahl} = \frac{\text{Berichtsgröße}}{\text{Basisgröße}}$$

2. Zweck der Berechnung von Verhältniszahlen ist es, große und daher meist unanschauliche Zahlen so umzuformen, daß sie den interessierenden Sachverhalt besser beurteilen lassen. Darüber hinaus sind Verhältniszahlen dafür geeignet, große statistische Massen miteinander zu vergleichen.

3. Man unterscheidet drei Arten von Verhältniszahlen; nämlich Gliederungszahlen, Meßzahlen und Beziehungszahlen.

   Eine Gliederungszahl gibt den Anteil einer statistischen Teilmasse an der übergeordneten statistischen Masse an.

   Bei Meßzahlen werden sachlich gleiche, aber zeitlich oder örtlich verschiedene Merkmalswerte aufeinander bezogen. Meßzahlen sind im allgemeinen Quotienten aus Zeitreihenwerten eines Merkmals.

   Beziehungszahlen entstehen, wenn sachlich verschiedenartige Maßzahlen, die jedoch einen inneren Zusammenhang aufweisen, zueinander ins Verhältnis gesetzt werden.

4. Anteil der verurteilten Jugendlichen $= \frac{58\,000}{699\,000} = 0{,}08$

Anteil der verurteilten Heranwachsenden $= \frac{90\,000}{699\,000} = 0{,}13$

Anteil der verurteilten Erwachsenen $= \frac{551\,000}{699\,000} = 0{,}79$

5.

Jahr	Ausfuhr (in Mrd. DM)	Meßzahlen bezogen auf 1962
1962	53,0	100,0
1965	71,7	135,3
1968	99,6	187,9
1971	136,0	256,6
1974	230,6	435,1

6. Die geeignete Basisgröße zur Berechnung der Fernsehdichte ist die Einwohnerzahl der einzelnen Länder.

Bundesrepublik: Fernsehdichte $= \frac{17 \text{ Mill.}}{62 \text{ Mill.}} = 0{,}27$

Sowjetunion: Fernsehdichte $= \frac{40 \text{ Mill.}}{242 \text{ Mill.}} = 0{,}17$

USA: Fernsehdichte $= \frac{99 \text{ Mill.}}{209 \text{ Mill.}} = 0{,}47$

12. Kapitel

1. Durch Meßzahlenreihen wird die zeitliche Entwicklung eines einzelnen Merkmals und durch Indexzahlenreihen wird die durchschnittliche zeitliche Entwicklung mehrerer Merkmale beschrieben.

2. Das Gewichtungsschema bei der Berechnung eines Index dient dazu, die einzelnen in die Berechnung des Index eingehenden Größen entsprechend ihrer Bedeutung zu gewichten.

3. Der Unterschied zwischen der Indexberechnung nach Laspeyres und nach Paasche besteht in der unterschiedlichen Wahl des Gewichtungsschemas. Beim Index nach Laspeyres verwendet man das Gewichtungsschema aus dem Basisjahr und beim Index nach Paasche aus dem Berichtsjahr.

4. Das Umrechnen einer Indexreihe auf eine andere Basis nennt man Umbasierung.

5. Zwei Teilreihen mit unterschiedlichem Basisjahr können durch Fortschreiben der alten Indexreihe oder durch Rückrechnung der neuen Indexreihe zu einer gemeinsamen Reihe verkettet werden.

6. a) $I^{w}_{68,74} = \frac{110 \cdot 200 + 60 \cdot 200 + 200 \cdot 300}{60 \cdot 100 + 40 \cdot 50 + 80 \cdot 200} \cdot 100 = \frac{94\,000}{24\,000} \cdot 100 = 391{,}7$

b) $I^{p}_{La,68,74} = \frac{110 \cdot 100 + 60 \cdot 50 + 200 \cdot 200}{60 \cdot 100 + 40 \cdot 50 + 80 \cdot 200} \cdot 100 = \frac{54\,000}{24\,000} \cdot 100 = 225{,}0$

c) $I^{p}_{Pa,68,74} = \frac{110 \cdot 200 + 60 \cdot 200 + 200 \cdot 300}{60 \cdot 200 + 40 \cdot 200 + 80 \cdot 300} \cdot 100 = \frac{94\,000}{44\,000} \cdot 100 = 213{,}6$

d) $I^{m}_{La,68,74} = \frac{200 \cdot 60 + 200 \cdot 40 + 300 \cdot 80}{100 \cdot 60 + 50 \cdot 40 + 200 \cdot 80} \cdot 100 = \frac{44\,000}{24\,000} \cdot 100 = 183{,}3$

e) $I^{m}_{Pa,68,74} = \frac{200 \cdot 110 + 200 \cdot 60 + 300 \cdot 200}{100 \cdot 110 + 50 \cdot 60 + 200 \cdot 200} \cdot 100 = \frac{94\,000}{54\,000} \cdot 100 = 174{,}1$

7. a) Die Lebenshaltungskosten sind von 1970 bis 1974 um 27,1 % gestiegen.

b) Der Preisindex von 1975 muß zunächst auf das Basisjahr 1974 nach der Formel

$$I_{74,75} = \frac{I_{70,75}}{I_{70,74}} \cdot 100 = \frac{134{,}7}{127{,}1} \cdot 100 = 106{,}0$$

umbasiert werden. Die Lebenshaltungskosten sind also von 1974 bis 1975 um 6,0 % gestiegen.

c) Die Umbasierung erfolgt nach der Formel

$$I_{75,t} = \frac{I_{70,t}}{I_{70,75}} \cdot 100.$$

Jahr	Index
1970	74,2
1971	78,2
1972	82,5
1973	88,2
1974	94,4
1975	100,0

Glossar

Abgangsmasse
8.2
Korrespondierende Bewegungsmasse, die den Bestand verringert.

Abgangsquote
8.2
Anzahl der statistischen Einheiten der Abgangsmasse in dem betrachteten Zeitraum.

Abgeschlossene Bestandsmasse
8.2
Bestandsmasse, bei der kein Zugang vor einem Zeitpunkt t' und kein Abgang nach einem Zeitpunkt t'' liegt.

Absolute Häufigkeit
4.2
Anzahl h_i der statistischen Einheiten mit der Merkmalsausprägung x_i.

Absolute Klassenhäufigkeit
4.5
Anzahl h_i^* der statistischen Einheiten, deren Merkmalswert in der i-ten Klasse liegt.

Absolute Summenhäufigkeit
4.3
Anzahl H_i der statistischen Einheiten mit einem Merkmalswert, der höchstens x_i ist.

Absolutskala
2.5
Maßskala, bei der zu den Eigenschaften der Verhältnisskala noch eine natürliche Einheit kommt.

Additive Saisonkomponente
9.5
Bei der additiven Verknüpfung von Trend und Saisonkomponente geht man davon aus, daß in gleichen Unterzeiträumen verschiedener Jahre die Saisonkomponente die gleiche Höhe hat, d. h.

$$x_{tj} = \hat{x}_{tj} + s_{tj}.$$

Arithmetisches Mittel
5.3.3
Lageparameter für mindestens intervallskalierte Merkmale. Es gilt:

$$\bar{x} = \frac{1}{n} \sum_{i=1}^{n} a_i \text{ bzw. } \bar{x} = \frac{1}{n} \sum_{i=1}^{k} h_i x_i = \sum_{i=1}^{k} f_i x_i \text{ bzw.}$$

$$\bar{x} = \frac{1}{n} \sum_{i=1}^{k} h_i^* x_i^* = \sum_{i=1}^{k} f_i^* x_i^*$$

Bedingte Prognose
10.2
Die zu prognostizierende Größe hängt von verschiedenen Einflußgrößen ab, die selbst Gegenstand von Prognosen sein können.

Bedingter Mittelwert
6.5
Mittelwert einer bedingten Verteilung.

Bedingte Varianz
6.5
Varianz einer bedingten Verteilung.

Bedingte Verteilung
6.3
Verteilung des Merkmals X (bzw. Y) für einen gegebenen Wert y_j (bzw. x_i) des Merkmals Y (bzw. X) bei einer zweidimensionalen Häufigkeitsverteilung.

Bestand
8.2
Anzahl der statistischen Einheiten einer Bestandsmasse zu einem Zeitpunkt.

Bestandsdiagramm
8.2
Graphische Darstellung der Bestandsfunktion.

Bestandsfunktion
8.2
Zuordnung der Bestände zu den einzelnen Zeitpunkten.

Bestandsmasse
2.4
Statistische Masse, die zu bestimmten Zeitpunkten erfaßt wird.

Bewegungsmasse
2.4
Statistische Masse, die für bestimmte Zeiträume erfaßt wird.

Beziehungszahl
11.5
Quotient aus sachlich verschiedenartigen Maßzahlen, die jedoch einen inneren Zusammenhang aufweisen.

Dichotomes Merkmal
2.6
Diskretes Merkmal mit nur zwei Merkmalsausprägungen.

Diskretes Merkmal
2.6
Merkmal, das nur bestimmte isolierte Werte annehmen kann.

Durchschnittsbestand
8.3
Durchschnittliche Anzahl der statistischen Einheiten, die in dem betrachteten Zeitraum t′, t″ zu der Bestandsmasse gehört haben. Der Durchschnittsbestand berechnet sich nach der Formel:

$$B_\varnothing = \frac{D}{t'' - t'} \text{ bzw. } B_\varnothing = \frac{1}{m}\left(\frac{1}{2} \cdot B_o + B_1 + \cdots + B_{m-1} + \frac{1}{2} \cdot B_m\right).$$

Dabei ist D der Zeitmengenbestand und B_i der zum i-ten Zeitpunkt gemessene Bestand.

Eindimensionale Häufigkeitstabelle
4.2
Tabellarische Darstellung der Häufigkeitsverteilung eines Merkmals.

Exponentielle Glättung
10.5
Prognoseverfahren zur Berechnung eines Prognosewertes für den jeweils nächsten Zeitpunkt bzw. Zeitraum. Im Zeitpunkt bzw. Zeitraum t berechnet man den Prognosewert für den Zeitpunkt bzw. Zeitraum t+1 als gewogenes arithmetisches Mittel aus dem Merkmalswert x_t und dem Prognosewert $\hat{x}_t$ nach der Formel

$$\hat{x}_{t+1} = \alpha x_t + (1 - \alpha)\, \hat{x}_t; \; 0 < \alpha < 1.$$

Geometrisches Mittel
5.3.4
Lageparameter für mindestens verhältnisskalierte Merkmale mit nur positiven Merkmalsausprägungen. Es gilt:

$$\bar{x}_G = \sqrt[n]{a_1 \cdot a_2 \cdots a_n} = \sqrt[n]{x_1^{h_1} \cdot x_2^{h_2} \cdots x_k^{h_k}}$$

Gini-Koeffizient
5.6.3
Quotient aus der Konzentrationsfläche und der Fläche bei maximaler Konzentration. Es gilt:

$$G = 1 - \sum_{i=1}^{k} f_i \, (S_i + S_{i-1}) \text{ mit } S_o = 0.$$

Dabei sind die Größen S_i die kumulierten relativen Merkmalswerte des Konzentrationsmerkmals. Es gilt: $0 \leq G \leq 1$.

Gliederungszahl
11.3
Quotient aus der Merkmalssumme einer statistischen Teilmasse und der Merkmalssumme der übergeordneten statistischen Gesamtheit.

Harmonisches Mittel
5.3.5
Lageparameter für mindestens verhältnisskalierte Merkmale mit nur positiven Merkmalsausprägungen. Es gilt:

$$\bar{x}_H = \frac{n}{\sum_{i=1}^{n} \frac{1}{a_i}} = \frac{n}{\sum_{i=1}^{k} \frac{h_i}{x_i}}$$

Häufbares Merkmal
2.7
Nominalskaliertes Merkmal, bei dem dieselbe statistische Einheit mehrere Merkmalswerte haben kann.

Häufigkeitspolygon
4.4
Streckenzug, der bei quantitativen Merkmalen aus dem Stabdiagramm durch geradliniges Verbinden der Endpunkte der Stäbe bzw. aus dem Histogramm durch geradliniges Verbinden der Mittelpunkte der Flächenoberkanten der Rechtecke entsteht.

Häufigkeitsverteilung eines Merkmals
4.2
Gesamtheit der Merkmalsausprägungen eines Merkmals mit ihren absoluten bzw. relativen Häufigkeiten.

Häufigkeitsverteilung zweier Merkmale
6.2
Merkmalsausprägungspaare mit ihren absoluten bzw. relativen Häufigkeiten.

Histogramm
4.5
Graphische Darstellung einer klassifizierten Häufigkeitsverteilung bestehend aus Rechtecken, wobei die Fläche jedes Rechtecks gleich der entsprechenden relativen Klassenhäufigkeit proportional ist.

Indexzahl
12.2
Statistische Maßzahl zur Charakterisierung der durchschnittlichen Entwicklung mehrerer Merkmale.

Intervallskala
2.5
Maßskala, bei der zur Rangordnung noch die Möglichkeit kommt, Abstände zwischen den Merkmalsausprägungen miteinander zu vergleichen.

Komponenten einer Zeitreihe
9.3
Einflußfaktoren, aus denen man sich die Zeitreihe zusammengesetzt denken kann.

Konjunkturelle Komponente
9.3
Zyklische Schwankungen einer Zeitreihe, die sich aus der übergeordneten volks- und weltwirtschaftlichen Entwicklung ergeben.

Kontingenztabelle
6.2
Zweidimensionale Häufigkeitstabelle zweier qualitativer Merkmale.

Konzentrationsfläche
5.6.3
Fläche, die im ersten Quadranten eines rechtwinkligen Koordinatensystems von der Lorenzkurve und der Winkelhalbierenden eingeschlossen wird.

Konzentrationsmerkmal
5.6.1
Merkmal, bei dem die Bildung der sogenannten Merkmalssumme möglich und sinnvoll ist. Dabei versteht man unter der Merkmalssumme die Summe der Merkmalswerte sämtlicher statistischer Einheiten der betrachteten statistischen Masse.

Korrelationsanalyse
7.4
Analyseverfahren mit dem Ziel, die Stärke des Zusammenhangs zwischen zwei Merkmalen durch eine geeignete Maßzahl zu beschreiben.

Korrelationskoeffizient von Pearson
7.4.1
Der Pearson'sche Korrelationskoeffizient

$$r = \frac{\sum_{i=1}^{n} (x_i - \bar{x})(y_i - \bar{y})}{\sqrt{\sum_{i=1}^{n} (x_i - \bar{x})^2} \sqrt{\sum_{i=1}^{n} (y_i - \bar{y})^2}}$$

drückt den Grad der Linearität des Zusammenhangs zwischen zwei metrischen Merkmalen X und Y aus.

Korrelationstabelle
6.2
Zweidimensionale Häufigkeitstabelle zweier quantitativer Merkmale.

Korrespondierende Massen
2.4
Statistische Massen, die in dem Sinne zusammengehören, daß die Bewegungsmassen Zu- oder Abgänge der Bestandsmasse beschreiben.

Kovarianz
6.5
Gemeinsame Streuung zweier metrischer Merkmale X und Y. Es gilt:

$$\mathrm{COV}(X, Y) = \frac{1}{n} \sum_{i=1}^{m} \sum_{j=1}^{r} h_{ij} (x_i - \bar{x})(y_j - \bar{y}) = \frac{1}{n} \sum_{i=1}^{m} \sum_{j=1}^{r} h_{ij} x_i y_j - \bar{x}\bar{y}$$

bzw.

$$\mathrm{COV}(X, Y) = \sum_{i=1}^{m} \sum_{j=1}^{r} f_{ij} (x_i - \bar{x})(y_j - \bar{y}) = \sum_{i=1}^{m} \sum_{j=1}^{r} f_{ij} x_i y_j - \bar{x}\bar{y}$$

Kreisdiagramm
4.4
Graphische Darstellung einer Häufigkeitsverteilung, bei der die Größe des i-ten Kreissegments der absoluten Häufigkeit h_i bzw. der relativen Häufigkeit f_i entspricht.

Kriterium der kleinsten Quadrate
7.3
Methode zur Ermittlung der Regressionsfunktion. Als Regressionsfunktion wird diejenige Funktion angesehen, bei der die Summe der quadrierten Abstände der Beobachtungspunkte von der Funktion minimal wird.

Lorenzkurve
5.6.2
Trägt man im ersten Quadranten eines Koordinatensystems auf der Abszisse die relativen Summenhäufigkeiten F_i und auf der Ordinate die Summe der relativen kumulierten Merkmalswerte S_i der Häufigkeitsverteilung eines Konzentrationsmerkmals ab, so ist die Lorenzkurve die Verbindung der Punkte mit den Koordinaten (F_i, S_i).

Maßzahl
11.2
Größe zur quantitativen Charakterisierung eines Sachverhalts.

Median (Zentralwert)
5.3.2
Lageparameter für mindestens ordinalskalierte Merkmale, der die aufsteigend geordneten Merkmalswerte $a_1, a_2, \ldots, a_n$ einer Urliste in zwei gleiche Teile zerlegt. Es gilt:

$$\bar{x}_Z = \begin{cases} a_{\frac{n+1}{2}}, & \text{falls n ungerade} \\ \dfrac{a_{n/2} + a_{n/2+1}}{2}, & \text{falls n gerade} \end{cases}$$

Mengenindex
12.3
Indexzahl zur Charakterisierung der durchschnittlichen Mengenentwicklung.

Verwendet man das Gewichtungsschema aus dem Basisjahr, so erhält man den Mengenindex nach Laspeyres, der sich nach der Formel

$$I_{La}^m = \frac{\sum_{i=1}^{n} q_i^t \cdot p_i^o}{\sum_{i=1}^{n} q_i^o \cdot p_i^o} \cdot 100$$

berechnen läßt.

Verwendet man das Gewichtungsschema aus dem Berichtsjahr, so erhält man den Mengenindex nach Paasche, der sich nach der Formel

$$I_{Pa}^{m} = \frac{\sum_{i=1}^{n} q_i^t \cdot p_i^t}{\sum_{i=1}^{n} q_i^o \cdot p_i^t} \cdot 100$$

berechnen läßt.

Merkmal
2.2
Eigenschaft einer statistischen Einheit, für die man sich bei einer statistischen Untersuchung interessiert.

Merkmalsausprägung
2.2
Mögliches Ergebnis, das bei der Beobachtung oder Messung eines Merkmals auftreten kann.

Merkmalssumme
5.6.1
Summe der Merkmalswerte sämtlicher statistischer Einheiten einer statistischen Masse.

Merkmalswert
2.2
Bei einer statistischen Einheit festgestellte Merkmalsausprägung.

Meßzahl
11.4
Quotient aus sachlich gleichen, aber zeitlich oder örtlich verschiedenen Merkmalswerten. Meßzahlen sind im allgemeinen Quotienten aus Zeitreihenwerten eines Merkmals. Dabei werden alle Werte auf den Wert eines Basiszeitpunkts bzw. Basiszeitraums bezogen. Die Meßzahlen bei Zeitreihen berechnen sich nach der Formel

$$m_{t_o, t} = \frac{x_t}{x_{t_o}}.$$

Dabei bedeuten

$m_{t_o, t}$ = Meßzahl zum Zeitpunkt bzw. Zeitraum t bzgl. des Basiszeitpunkts bzw. Basiszeitraums t_o,
x_t = Merkmalswert zum Zeitpunkt bzw. Zeitraum t,
x_{t_o} = Merkmalswert zum Basiszeitpunkt bzw. Basiszeitraum t_o.

Methode der gleitenden Durchschnitte
9.4
Verfahren zur Trendermittlung, bei dem eine Glättung der Zeitreihe dadurch angestrebt wird, daß man den einzelnen Zeitpunkten bzw. Zeiträumen Durchschnitte benachbarter Werte der Zeitreihe zuordnet.

Methode der kleinsten Quadrate
9.4
Verfahren zur Trendermittlung, bei der die Trendfunktion durch Anwendung der Regressionsanalyse auf Zeitreihen ermittelt wird.

Mittlere absolute Abweichung
5.4.2
Streuungsparameter für mindestens intervallskalierte Merkmale, der als arithmetisches Mittel der absoluten Abweichungen der Merkmalswerte von einem Mittelwert m definiert ist, d. h.

$$d = \frac{1}{n} \sum_{i=1}^{n} |a_i - m| \text{ bzw. } d = \frac{1}{n} \sum_{i=1}^{k} h_i |x_i - m| = \sum_{i=1}^{k} f_i |x_i - m| \text{ bzw.}$$

$$d = \frac{1}{n} \sum_{i=1}^{k} h_i^* |x_i^* - m| = \sum_{i=1}^{k} f_i^* |x_i^* - m|.$$

Mittlere quadratische Kontingenz
7.4.3
Die mittlere quadratische Kontingenz

$$C = \frac{1}{n} \sum_{i=1}^{m} \sum_{j=1}^{r} \frac{\left(h_{ij} - \frac{h_{i.} \cdot h_{.j}}{n}\right)^2}{\frac{h_{i.} \cdot h_{.j}}{n}} = \sum_{i=1}^{m} \sum_{j=1}^{r} \frac{h_{ij}^2}{h_{i.} \cdot h_{.j}} - 1$$

ist ein Kontingenzkoeffizient zur Messung des Zusammenhangs zwischen zwei nominalskalierten Merkmalen.

Mittlere Verweildauer
8.3
Zeitspanne, die eine statistische Einheit durchschnittlich im Bestand verweilt. Für abgeschlossene Bestandsmassen gilt

$$d = \frac{D}{n} = \frac{B_{\varnothing}(t'' - t')}{n}$$

und für offene Bestandsmassen gilt näherungsweise

$$d = \frac{2D}{A + Z} = \frac{2B_{\varnothing}(t'' - t')}{A + Z}$$

Dabei sind D der Zeitmengenbestand, $B_\varnothing$ der Durchschnittsbestand, A die Abgangsquote, Z die Zugangsquote und n die Anzahl der statistischen Einheiten.

Modus (dichtester Wert)
5.3.1
Merkmalsausprägung, die am häufigsten vorkommt.

Momente
5.5
Verallgemeinerung des arithmetischen Mittels bzw. der Varianz. Man unterscheidet zwischen Momente um den Nullpunkt und Momente um das arithmetische Mittel.

Für die Berechnung des r-ten Moments um den Nullpunkt gilt:

$$m_r(0) = \frac{1}{n} \sum_{i=1}^{n} a_i^r \text{ bzw. } m_r(0) = \frac{1}{n} \sum_{i=1}^{k} h_i x_i^r = \sum_{i=1}^{k} f_i x_i^r \text{ bzw.}$$

$$m_r(0) = \frac{1}{n} \sum_{i=1}^{k} h_i^* x_i^{*r} = \sum_{i=1}^{k} f_i^* x_i^{*r}$$

Für die Berechnung des r-ten Moments um das arithmetische Mittel gilt:

$$m_r(\bar{x}) = \frac{1}{n} \sum_{i=1}^{n} (a_i - \bar{x})^r \text{ bzw. } m_r(\bar{x}) = \frac{1}{n} \sum_{i=1}^{k} h_i (x_i - \bar{x})^r = \sum_{i=1}^{k} f_i (x_i - \bar{x})^r$$

$$\text{bzw. } m_r(\bar{x}) = \frac{1}{n} \sum_{i=1}^{k} h_i^* (x_i^* - \bar{x})^r = \sum_{i=1}^{k} f_i^* (x_i^* - \bar{x})^r$$

Das dritte Moment um das arithmetische Mittel nennt man Schiefe der Häufigkeitsverteilung.

Multiplikative Saisonkomponente
9.5
Bei der multiplikativen Verknüpfung von Trend und Saisonkomponente geht man davon aus, daß in gleichen Unterzeiträumen verschiedener Jahre die relativen Höhen der Saisonkomponente konstant sind, d. h.

$$x_{tj} = \hat{x}_{tj} \cdot s_{tj}.$$

Nominalskala
2.5
Maßskala, bei der die Merkmalsausprägungen lediglich eine Verschiedenartigkeit ausdrücken.

Offene Bestandsmasse
8.2
Bestandsmasse, die nicht abgeschlossen ist.

Ordinalskala
2.5
Maßskala, bei der die Merkmalsausprägungen neben einer Verschiedenartigkeit eine natürliche Rangordnung ausdrücken.

Ordnung der gleitenden Durchschnitte
9.4
Anzahl der Zeitreihenwerte, die bei der Methode der gleitenden Durchschnitte in die Berechnung eines Trendwertes eingehen.

Piktogramm
4.4
Graphische Veranschaulichung einer Häufigkeitsverteilung durch Bildsymbole.

Preisindex
12.3
Indexzahl zur Charakterisierung der durchschnittlichen Preisentwicklung.

Verwendet man das Gewichtungsschema aus dem Basisjahr, so erhält man den Preisindex nach Laspeyres, der sich nach der Formel

$$I_{La}^{p} = \frac{\sum_{i=1}^{n} p_i^t \cdot q_i^o}{\sum_{i=1}^{n} p_i^o \cdot q_i^o} \cdot 100$$

berechnen läßt.

Verwendet man das Gewichtungsschema aus dem Berichtsjahr, so erhält man den Preisindex nach Paasche, der sich nach der Formel

$$I_{Pa}^{p} = \frac{\sum_{i=1}^{n} p_i^t \cdot q_i^t}{\sum_{i=1}^{n} p_i^o \cdot q_i^t} \cdot 100$$

berechnen läßt.

Primärstatistische Erhebung
3.2
Methode zur Gewinnung statistischer Daten, bei der die Daten eigens für die entsprechende Untersuchung erhoben werden. Man unterscheidet folgende Erhebungsarten: mündliche Befragung, schriftliche Befragung, Beobachtung, Experiment, automatische Erfassung.

Qualitative Prognose
10.2
Vorhersage einer Richtungsänderung der zu prognostizierenden Größe ohne numerische Quantifizierung.

Quantil
5.3.2
Verallgemeinerter Lageparameter $x_{(p/q)}$, der die aufsteigend geordnete Reihe der Merkmalswerte im Verhältnis p/q zu $1-p/q$ teilt (p, q natürliche Zahlen, $q \geq 2$, $p = 1, 2, \ldots, q-1$). Die Quantile zu $q = 4$, 10 und 100 heißen Quartile, Dezile bzw. Percentile.

Quantitative Prognose
10.2
Numerisch quantifizierte Vorhersage der zu prognostizierenden Größe.

Randverteilung
6.3
Verteilung eines einzelnen Merkmals einer zweidimensionalen Häufigkeitsverteilung.

Rangkorrelationskoeffizient von Spearman
7.4.2
Der Spearman'sche Rangkorrelationskoeffizient

$$r_S = 1 - \frac{6 \sum_{i=1}^{n} d_i^2}{n\,(n^2 - 1)}$$

ist ein Maß für die Stärke des Zusammenhangs zweier ordinalskalierter Merkmale. Dabei sind die Größen d_i die Differenzen der Rangzahlen der Merkmalswerte x_i und y_i.

Rechteckdiagramm
4.4
Graphische Darstellung einer Häufigkeitsverteilung, bei der die Größe des i-ten Rechtecks der absoluten Häufigkeit h_i bzw. der relativen Häufigkeit f_i entspricht.

Regressionsanalyse
7.3
Analyseverfahren mit dem Ziel, die Tendenz des Zusammenhangs zwischen zwei metrischen Merkmalen durch eine mathematische Funktion $y = f(x)$ zu beschreiben.

Regressionsfunktion
7.3
Funktion zur Beschreibung der Abhängigkeit zwischen zwei metrischen Merkmalen.

Relative (prozentuale) Häufigkeit
4.2
(Prozentualer) Anteil f_i der statistischen Einheiten mit der Merkmalsausprägung x_i.

Relative Klassenhäufigkeit
4.5
Anteil f_i^* der statistischen Einheiten, deren Merkmalswert in der i-ten Klasse liegt.

Relative Summenhäufigkeit
4.3
Anteil F_i^* der statistischen Einheiten mit einem Merkmalswert, der höchstens x_i ist.

Restkomponente
9.3
Unregelmäßige Restschwankung, die den Trend und die beiden zyklischen Schwankungen überlagert.

Saisonale Komponente
9.3
Zyklische Schwankungen, die sich aus den periodisch wiederkehrenden jahreszeitlichen Einflüssen ergeben.

Scheinkorrelation
7.4
Formaler (rechnerischer) Zusammenhang zwischen zwei Merkmalen ohne sachliche Beziehung der Merkmale.

Sekundärstatistische Erhebung
3.2
Methode zur Gewinnung statistischer Daten, bei der man auf bereits vorhandene Daten zurückgreift.

Spannweite
5.4.1
Streuungsparameter für mindestens ordinalskalierte Merkmale, der als Differenz zwischen dem größten und dem kleinsten vorkommenden Merkmalswert definiert ist, d. h.

$$w = \max_i a_i - \min_i a_i.$$

Stabdiagramm
4.4
Graphische Darstellung einer Häufigkeitsverteilung, bei der die Länge des i-ten Stabes der absoluten Häufigkeit h_i bzw. der relativen Häufigkeit f_i entspricht.

Statistische Einheit
2.2
Gegenstand einer Messung bzw. Beobachtung im Rahmen einer statistischen Untersuchung.

Statistische Masse (statistische Gesamtheit)
2.2
Gesamtheit der statistischen Einheiten mit übereinstimmenden Identifikationskriterien.

Stetiges Merkmal
2.6
Merkmal, das zumindest in einem bestimmten Bereich jeden Wert annehmen kann.

Stichprobe
3.4
Teil einer statistischen Masse, die im Rahmen einer statistischen Untersuchung erfaßt wurde.

Streuungsdiagramm
6.2
Graphische Darstellung der Wertepaare (x_i, y_i) zweier metrischer Merkmale als Punkte in einem rechtwinkligen Koordinatensystem — der sogenannten Merkmalsebene.

Summenhäufigkeitsfunktion (empirische Verteilungsfunktion)
4.3
Funktion $F(x)$, die den Anteil der statistischen Einheiten angibt, die einen Merkmalswert haben, der höchstens x ist.

Teilerhebung
3.4
Erfassung eines Teils einer statistischen Masse.

Totalerhebung (Vollerhebung)
3.4
Erfassung aller statistischen Einheiten einer statistischen Masse.

Träger der amtlichen Statistik

3.3

Staatliche Institutionen oder vom Staat abhängige Stellen wie z. B. das Statistische Bundesamt, die Statistischen Landesämter, die statistischen Ämter der Städte, die Ministerien des Bundes und der Länder und die Bundesanstalt für Arbeit.

Die wichtigsten Veröffentlichungen der amtlichen Statistik sind das Statistische Jahrbuch für die Bundesrepublik Deutschland, die Zeitschrift „Wirtschaft und Statistik" und der Statistische Wochendienst.

Träger der nichtamtlichen Statistik

3.3

Nichtstaatliche Institutionen wie z. B. Wirtschaftsverbände, Arbeitgeber- und Arbeitnehmerorganisationen, wirtschaftswissenschaftliche Institute, Markt- und Meinungsforschungsinstitute und Unternehmen.

Trendextrapolation

10.4

Prognoseverfahren auf der Basis von Zeitreihen. Der Prognosewert für den in der Zukunft liegenden Zeitpunkt bzw. Zeitraum t wird durch Einsetzen in die Trendfunktion $\hat{x} = f(t)$ ermittelt.

Trendkomponente

9.3

Langfristige Entwicklungstendenz des betrachteten Merkmals.

Umbasierung

11.4 12.4

Umrechnung einer Meßzahlenreihe bzw. einer Indexreihe von einer Basis auf eine andere. Die Umbasierung erfolgt nach der Formel

$$m_{t_1,t} = \frac{m_{t_0,t}}{m_{t_0,t_1}} \text{ bzw. } I_{t_1,t} = \frac{I_{t_0,t}}{I_{t_0,t_1}} \cdot 100.$$

Umschlagshäufigkeit

8.4

Mittlere Anzahl von Erneuerungen eines Bestandes innerhalb eines Zeitintervalls der Länge T. Es gilt:

$$U = \frac{T}{d}$$

Dabei ist d die mittlere Verweildauer.

Unabhängigkeit von Merkmalen

6.4

Zwei Merkmale sind unabhängig, wenn die relativen Häufigkeiten der bedingten Verteilungen des einen Merkmals unabhängig vom Wert des anderen Merkmals sind. Bei Unabhängigkeit gilt:

$$f_{ij} = f_{i.} \cdot f_{.j} \text{ bzw. } h_{ij} = \frac{h_{i.} \cdot h_{.j}}{n} \quad (i = 1, 2, \ldots, m; j = 1, 2, \ldots, r)$$

Unbedingte Prognosen

10.3

Die zu prognostizierende Größe hängt nur von der formalen Einflußgröße Zeit ab. Größen, die auf die zu prognostizierende Größe kausal einwirken, werden indirekt durch die Zeit berücksichtigt.

Urliste

4.2

Ergebnis einer primärstatistischen Erhebung, bei der die Merkmalswerte in der Reihenfolge notiert wurden, in der sie sich nacheinander ergeben haben.

Varianz

5.4.3

Streuungsparameter für mindestens intervallskalierte Merkmale, der als arithmetisches Mittel der quadratischen Abweichungen der Merkmalswerte vom arithmetischen Mittel definiert ist, d. h.

$$s^2 = \frac{1}{n} \sum_{i=1}^{n} (a_i - \bar{x})^2 \text{ bzw. } s^2 = \frac{1}{n} \sum_{i=1}^{k} h_i (x_i - \bar{x})^2 = \sum_{i=1}^{k} f_i (x_i - \bar{x})^2 \text{ bzw.}$$

$$s^2 = \frac{1}{n} \sum_{i=1}^{k} h_i^* (x_i^* - \bar{x})^2 = \sum_{i=1}^{k} f_i^* (x_i^* - \bar{x})^2.$$

Die positive Wurzel aus der Varianz heißt Standardabweichung.

Variationskoeffizient

5.4.4

Relativer Streuungsparameter für mindestens verhältnisskalierte Merkmale, der als Quotient aus Standardabweichung und arithmetisches Mittel definiert ist, d. h.

$$v = \frac{s}{\bar{x}} \text{ bzw. } v = \frac{s}{\bar{x}} \cdot 100\,\%.$$

Verhältnisskala

2.5

Maßskala, bei der zu den Eigenschaften der Intervallskala noch ein natürlicher Nullpunkt kommt.

Verhältniszahl
11.2
Quotient zweier Maßzahlen. Allgemein gilt:

$$\text{Verhältniszahl} = \frac{\text{Berichtsgröße}}{\text{Basisgröße}}$$

Verkettung von Indexzahlen
12.4
Vereinigung zweier Teilreihen mit unterschiedlichem Basisjahr zu einer gemeinsamen Indexreihe.

Ist t_1 das Basisjahr der ersten Teilreihe und t_2 das Basisjahr der zweiten Teilreihe, so erhält man für die Verkettung der beiden Teilreihen folgende Formeln:

$$\text{Fortschreibung der ersten Indexreihe: } I_{t_1, t} = \frac{I_{t_1, t_2} \cdot I_{t_2, t}}{100}$$

$$\text{Rückrechnung der zweiten Indexreihe: } I_{t_2, t} = \frac{I_{t_1, t}}{I_{t_1, t_2}} \cdot 100$$

Verweildauer
8.2
Zeitspanne zwischen dem Zeitpunkt des Zugangs und dem Zeitpunkt des Abgangs einer statistischen Einheit einer Bestandsmasse.

Verweildiagramm
8.2
Graphische Darstellung der Verweildauern der statistischen Einheiten einer Bestandsmasse.

Wertindex
12.3
Indexzahl zur Charakterisierung der durchschnittlichen Entwicklung der Ausgaben für eine Produktgruppe.

Der Wertindex berechnet sich nach der Formel

$$I^w = \frac{\sum_{i=1}^{n} p_i^t \cdot q_i^t}{\sum_{i=1}^{n} p_i^o \cdot q_i^o} \cdot 100$$

Zeitmengenbestand
8.3
Summe der zwischen den Zeitpunkten t' und t" liegenden Teile der Verweildauern aller statistischen Einheiten.

Zeitreihe
9.2
Reihe von Werten eines Merkmals, die zu verschiedenen Zeitpunkten (bei Bestandsmassen) bzw. für verschiedene Zeiträume (bei Bewegungsmassen) erhoben wurden.

Zeitreihenprognose
10.4
Prognoseverfahren auf der Basis von Zeitreihen, bei dem der extrapolierte Trend durch Fortschreiben der saisonalen Schwankungen überlagert wird.

Zugangsmasse
8.2
Korrespondierende Bewegungsmasse, die den Bestand erhöht.

Zugangsquote
8.2
Anzahl der statistischen Einheiten der Zugangsmasse in dem betrachteten Zeitraum.

Zweidimensionale Häufigkeitstabelle
6.2
Tabellarische Darstellung der Häufigkeitsverteilung zweier Merkmale.

Literaturverzeichnis

Abels, H.: Wirtschaftsstatistik, Opladen 1976

Bleymüller, J., Gehlert, G., Gülicher, H.: Statistik für Wirtschaftswissenschaftler, München 1979

Buttler, G., Stroh, R.: Einführung in die Statistik, Frankfurt 1976

Hansen, G.: Methodenlehre der Statistik, 2. Auflage, München 1977

Klotz, G. R.: Statistik — Beschreibende Statistik, Wahrscheinlichkeitsrechnung, Anwendungen, Braunschweig 1976

Kobelt, H.: Wirtschaftsstatistik für Studium und Praxis, Baden-Baden und Bad Homburg vor der Höhe 1977

Kreyszig, E.: Statistische Methoden und ihre Anwendungen, 6. Auflage, Göttingen 1977

Kühn, J.: Methodenlehre Statistik, München 1976

Pfanzagl, J.: Allgemeine Methodenlehre der Statistik I, 5. Auflage, Berlin 1972

Schaich, E., Köhle, D., Schweitzer, W., Wegner, F.: Statistik I, 2. Auflage, München 1979

Wagenführ, R.: Statistik leicht gemacht, Band 1, 7. Auflage, Köln 1974

Wetzel, W.: Statistische Grundausbildung für Wirtschaftswissenschaftler, Band 1: Beschreibende Statistik, Berlin, New York 1971

Wiedling, H.: Statistische Verfahren, Band 1, Gernsbach 1978

Stichwortverzeichnis